정보통신산업기사필답

박승환 · 김한기 共著

본서는 수험생의 정보로 만들어진 문제이므로 실제 출제문제와는 약간 다를 수 있으며 답 또한 한국전파진흥원이 요구하는 정확한 모범 답이 아닐 수 있으므로 수험생들의 참고서적으로서 생각해주시길 바란다. 또한 일부 잘못된 부분이 있을 수 있으며, 잘못된 부분에 대해서는 발견 시 출판사의 게시판에 올려주시면 수정·보완하도록 하겠습니다. 감사합니다.

머•리•말

정보통신산업기사는 정보통신에 대한 지식과 기술을 갖춘 전문 인력을 양성하여 정보통신의 시공 및 건설, 유지 업무를 수행하도록 제정된 시험이다. 본서는 정보통신산업기사 필답시험에 대비한 수험 준비서로서 기출문제에서 분석된 내용을 토대로 시험성향을 분석하여 수험생이 직접 출제 경향의 흐름을 파악할 수 있도록 구성하였다. 취업을 앞둔 학생들과 이 분야에 전공지식을 쌓으려는 관련학과 학생에게 조금이나마 보탬이 되고자, 그동안의 저자의 강의 경험을 토대로 이 책을 편찬하게 되었다. 아무쪼록 본서가 정보통신 분야의 전공지식을 함양하고 취업을 앞둔 학생들이 통신기기 기술을 쉽게 이해할 수 있는 기회로 주어진다면 더한 기쁨이 아닐까 한다. 본서를 통해서 공부하게 되는 학생 여러분들의 실력이 향상되어 취업 및 국가 기술 자격시험 등 합격의 길에 이르고, 더 나아가 자격취득을 통해 현장 실무에 응용할 때 본서가 큰 역할을 하게 되기를 기원하며, 본서를 출간할 수 있도록 큰 도움을 주신 21세기사 사장님을 비롯한 편집부 직원과 기획부 그리고 임원진에게 진심어린 감사를 드린다. 앞으로 끊임없는 노력으로 보다 유익한 책으로서 여러분께 보답하고, 계속해서 미비한 점들을 보충해 나갈 예정이다.

지은이 일동

목 · 차

Chapter 01

합격을 위한
필수 암기해야 할 내용

1. 에러제어방식

1) 데이터통신의 대표적 에러제어방식

ARQ, FEC(Forword Error Collection), 자동반송방식, 자동연송방식 등

2) ARQ(Automatic Repeat Request)의 종류

① 정지대기방식 (Stop and Wait ARQ)
송신측에서 한 프레임 전송 후 수신측 응답이 올 때까지 기다리는 방식으로 수신측 응답이 긍정(ACK)이면 다음 프레임을 송신하고, 부정(NAK)이면 재전송함으로 에러 정정하는 방식.
가장 간단하고 버퍼 용량이 적어도 되지만, 전송효율이 가장 낮은 방식.

② 연속적 ARQ (Continuous ARQ)
송·수신측의 전송확인을 연속적으로 하는 방식.

- 반송 N 블록 ARQ(Go Back N ARQ)
  송신측에서 에러가 난 프레임부터 모두 재전송하는 방식.
- 선택적 ARQ (Selective ARQ)
  송신측에서 에러가 난 프레임만 선별적으로 재전송하는 방식.

③ 적응적 ARQ (Adaptive ARQ)
데이터의 에러 발생 확률이 높을 때는 전송 프레임의 길이를 작게 하고, 에러 발생 확률이 낮을 때는 전송 프레임의 길이를 길게 함으로써 전송 효율을 높이는 방식.

3) CRC 방식, FEC 방식

① CRC(Cyclic Redundancy Check:순환 잉여도 검사)
집단적 에러 검출용 부호로써 에러 검출은 수신 단에서 하고, 정정은 송신측의 재전송에 의해 이루어짐.

② FEC(Forword Error Collection)
에러 검출 및 정정용 부호(해밍부호, 컨볼루션 부호, BCH)로써 수신 단에서 검출/정정 둘 다 이루어짐.
송신측에서 전송할 데이터에 오류 정정을 위한 부호를 삽입하여 전송하고 수신측에서 이를 수신하고 오류를 검출하고 정정하므로 재전송이 필요 없다.

2. OSI 7계층

⑦응용계층 (Application Layer)	사용자가 응용 프로그램을 쉽게 사용할 수 있도록 도와주는 계층. **P: HTTP, SNMP, FTP**
⑥표현계층 (Presentation Layer)	전송 Data의 구문, 문법, 형식 등을 맞춰주는 계층으로 자원공유를 위한 정보표현기능, 암호화, 코드변환 등을 담당하는 계층
⑤세션계층 (Session Layer)	응용 프로세서 간 접속설정 및 해제/Data전송 등 대화기능 담당.
④전달계층 (Transport Layer)	종단 서비스 간(end to end) 의 Data전송 기능 및 오류 복구/검출, 흐름제어. **P: TCP, UDP**
③네트워크계층 (Network Layer)	중계/경로설정(routing), 흐름제어, Data전송/교환. 순서제어, 네트워크 접속 설정, 유지, 해제. **P: IP, IPX, X.25, ARP, ICMP**
②데이터링크 계층 (Data link Layer)	전송제어를 담당하는 계층으로 입·출력제어, 흐름제어, 착오제어, 동기제어 등을 담당한다. **P: HDLC, SDLC, BSC, LAP-B**
①물리계층 (Physical Layer)	물리적(기계적) 또는 전기적 인터페이스 기능 등을 담당하는 계층. **P: V/X시리즈, RS-232C**

- 하위계층 (① ② ③ 계층)
  데이터의 안정된 전송을 지원하기 위한 계층
- 상위계층 (④ ⑤ ⑥ ⑦ 계층)
  사용자에게 편리한 서비스를 제공하기 위한 계층

3. 데이터통신의 교환방식

① 회선 교환방식 (CSDN: Circuit Switched Data Network)

송신측에서 수신측까지 상호간에 통신회선을 직접 연결한 후 통신을 시작.

마치 전용회선처럼 사용, 접속시간이 길지만 전송지연을 무시할 수 있는 정도, 연속적인 대용량 Data전송에 적합.

② 메시지 교환방식 (MSDN: Message Switched Data Network)

축적 후 전달 방식으로 전송하고자 하는 정보 데이터를 일정한 길이로 분할하지 않고 본래의 길이 그대로 전송하는 방식.

적은 비용으로 네트워크 설계가능, 다른 기종 간 메시지교환이 가능하다. 실시간 통신, 대화형 통신 불가능.

③ 패킷교환방식 (PSDN: Packet Switched Data Network)

축적 후 전달 방식으로 전송할 데이터를 패킷으로 분할하여 전송 및 교환하는 방식. 가상회선 패킷교환과 데이터그램 패킷교환으로 구분.

트래픽 용량이 큰 경우 유리, 데이터 단위의 길이가 제한. 다른 기종간의 통신이 가능해서 융통성이 높다. 회선장애 발생 시 대체경로 선택으로 신뢰성이 높다. 실시간 대화형 가능, 각 패킷마다 오버헤드 비트 있음.

※ 패킷: 큰 길이의 메시지를 일정한 단위의 길이로 나눈 하나의 단위

방 식 / 항 목	가상회선 패킷교환방식	데이터 그램 패킷교환방식
초기설정	필요	불필요
목적지 주소	셋업 시에만 필요	모든 패킷에 필요
에러제어	서브네트에서 수행	호스트에 의해 수행
end-to-end 흐름제어	제공된다.	제공되지 않음
패킷순서	전송순서	도착순서

4. ISDN(Integrated Services Digital Network) 채널

① A채널: 아날로그 음성 신호 전송할 때 사용.

② B채널: 정보전송용 채널.

③ D채널: 신호전송용 채널.

④ H채널: 고속의 사용자 정보 전송용 채널.

※ 기본 액세스 구조: 2B+D

5. 다중화/다중접속 통신방식

1) 다중화

전송로상의 한정된 자원(주파수, 시간)을 여러 개의 채널로 분할하여 보다 효율적이고 경제적으로 회선을 이용하는 통신방식.

FDM (주파수 분할 다중화)	TDM (시간 분할 다중화)
전송로의 사용가능한 주파수 대역을 분할하여 여러 개의 채널을 동시에 이용.	전송로의 데이터 전송시간을 일정한 시간 폭으로 분할하여 여러 개의 채널을 동시에 이용.
* 구조 간단, 비용 저렴, 비동기식 * 1200bps 이하의 저속, Multi-Point 방식 * 수신측 여파기 필요 * 채널간섭을 피하기 위해 **보호대역**(Guard Band)필요.	* 구조복잡, 비용고가, 동기/비동기 * 데이터양이 많은 Point-To-Point 방식 적합 * 수신측 버퍼 필요

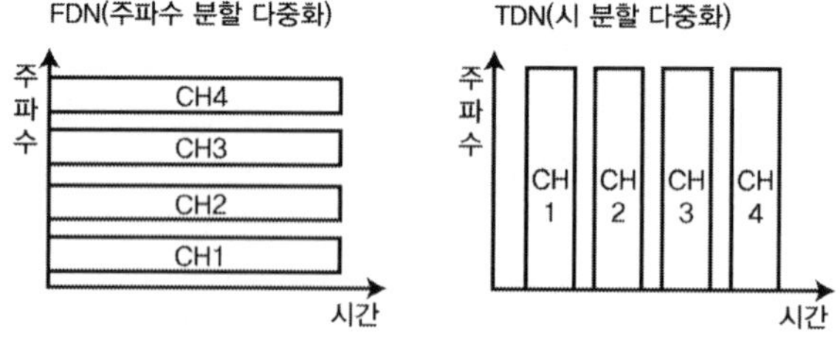

2) 다중접속 방식(위성통신방식)

① FDMA (Frequency Division Multiple Access): 주파수 분할 다중접속

② TDMA (Time Division Multiple Access): 시간 분할 다중접속

③ CDMA (Code Division Multiple Access): 코드 분할 다중접속

④ SDMA (Space Division Multiple Access): 공간 분할 다중접속

6. 비트속도[bps] 계산문제

[bps](데이터신호속도)=n(한 번에 보낼 수 있는 bit 수)×B(보오속도)

1) 8위상 변조 시 2400[baud]일 때, 데이터신호속도는?

한 번의 변조로 3 bit씩 전송되므로(2^3=8), 3 × 2400 = 7200 [bps]

2) 데이터 전송 회선의 Baud Rate가 2400[baud]이고 4위상 변조일 때 데이터신호속도는?

한 번의 변조로 2 bit씩 전송되므로(2^2=4), 2 × 2400 = 4800 [bps]

7. LAN 전송방식 – Baseband 방식, Broadband 방식

① Baseband 방식

디지털 신호를 원신호 그대로 전송하거나 전송로 특성에 알맞은 전송부호로 변환하여 전송하는 방식으로 모뎀이 불필요하기에 비용이 저렴하지만 전송거리가 짧은 것이 단점.

② Broadband 방식

입력된 신호에 따라 반송파의 진폭, 주파수, 위상을 변화시켜 전송하는 방식으로 원거리 전송에 적합한 방식이다.

1) Baseband 방식 중 복류 RZ, 복류 NRZ 파형의 특징

복류 RZ는 복류 NRZ에 비해 동기유지가 비교적 쉬우나 대역폭 소요가 많다.

2) Baseband 전송 부호 선택 시 고려사항.

① DC(직류)성분이 포함되지 않아야 한다.
② 전송대역폭이 작아야한다.
③ 동기정보가 충분히 포함되어야 한다.
④ 전송과정에서 에러 검출과 정정이 가능하여야 한다.
⑤ 만들기 쉽고 부호 열이 짧아야 한다.

8. 샤논의 정리에서 대역폭(W), 신호의 세기(S), 잡음 세기(N)일 때 채널용량(C)를 구성하는 식은 무엇인가?

정 답 $C = Wlog_2(1+\frac{S}{N})$

1) 채널용량을 늘리는 방법

① 채널의 대역폭(W)을 증가시킨다.
② 신호전력(S)을 증가시킨다.
③ 잡음전력(N)을 줄인다.

9. ITU-T 권고안 X 시리즈 규정 내용

1) X.24와 같은 장비로 EIA(미국 전자 공업 협회)관련장비: RS-232C

2) DTE와 DCE 사이의 인터페이스 규격: RS-232C

3) V시리즈: PSTN(아날로그공중전화망)에서 사용되는 인터페이스 표준.
공중전화망을 이용해 단말과 모뎀사이의 인터페이스.

X시리즈: PSDN(공중 데이터 통신망)에서 사용되는 인터페이스 표준.
공중데이터통신망을 이용해 단말과 DSU사이의 인터페이스.

① X.20: 공중 데이터망에서 비동기 전송을 위한 DTE/DCE 인터페이스 규격
② X.21: 공중 데이터망에서 동기 전송을 위한 DTE/DCE 인터페이스 규격
③ X.25: 공중 데이터망에서 패킷형 단말을 위한 DTE/DCE 인터페이스 규격

10. HDLC 프레임 구조: 비트방식 프로토콜

Flag비트	주소부	제어부	정보부	FCS	Flag비트
01111110	8 bit	8 bit	임의의 bit	16 bit	01111110

1) HDLC에 처음과 끝에 나오는 플래그를 2진수로 쓰기: 01111110

2) HDLC 프레임 구조 그리고 설명

Flag	주소부	제어부	정보부	(A)	Flag
01111110	(B)	8bit	nbit	(C)	01111110

- (A)FCS, (B)8bit, (C)16bit

① HDLC 프레임의 플래그 비트를 16진수로 나타내시오.

- 7E(01111110)

② 제어부의 3가지를 쓰시오.

ⓐ 정보 프레임(Information Frame)

I-프레임(정보전송형식)이라고도 부르며, 실제 사용자의 데이터를 전송을 위해 사용되는 형식으로 정보부를 가지는 정보 전송용 프레임을 의미한다. 현재 전송중인 프레임의 순서

번호와 수신 프레임의 순서 번호 등이 들어 있다.

ⓑ 감시 프레임(Supervisory Frame)

S-프레임(감시 형식)이라고도 부르며, 송·수신 국간의 I-프레임에 대한 수신 확인(RR: Receive Ready), 재전송 요구(REG)와 같은 상대국을 감시 제어할 경우에 사용하는 형식으로 에러 제어와 흐름제어를 위한 프레임 이다.

ⓒ 비번호제 프레임(Unnumbered Frame)

U-프레임이라고도 부르며, 정보 전송을 하기 전에 송·수신 국간 데이터 링크 확립, 상대국의 동작모드 설정과 응답, 데이터 링크 해제 등에 사용되는 형식이다.

11. DCE (회선종단장치, 신호변환장치)

회선의 끝에 위치. 단말로부터 전송하고자하는 Data를 선로에 적합한 형태로 신호 변환하는 기능.

① DSU (Digital Service Unit): 디지털 전송회선일 경우 사용. 단말 또는 컴퓨터의 직렬 단극성 펄스(디지털 신호)를 복극성 펄스로 변환. 수신측에서는 반대의 과정을 통해 원래의 신호 복원.

② MODEM (Modulation & Demodulation): 아날로그 전송회선일 경우 사용.
변, 복조 기능 수행. DTE로부터의 디지털 데이터를 아날로그 신호로 변환(변조), 수신 쪽에서 이의 역변환(복조)수행.

③ CODEC (Coder & Decoder): 아날로그 신호를 디지털 전송 회선에 전달하기 위한 신호변환장치.

1) DSU의 기능

단말 또는 컴퓨터의 직렬 단극성 디지털 신호를 전송로에 적합한 복극성 신호로 변환하여 에러 검출과 동기 유지가 용이하게 하기 위한 전송장비

2) MODEM의 기능

아날로그 전송로에 DTE로 부터의 디지털 신호를 전송하기 위해 전송로에 적합한 아날로그 신호로의 변환장비

3) 표의 빈칸 채우기

신호 \ 전송	아날로그 전송로	디지털 전송로
아날로그 신호	X	① 코덱
디지털 신호	② 모뎀	③ DSU

12. PCM 과정

① 표본화(Sampling)

신호의 최고주파수 2배 이상의 속도를 표본화하여 PAM신호를 얻음.

f_s(표본화주파수) $\geq 2f_m$(최고사용주파수)

② 양자화(Quantization)

표본화에 의한 PAM 진폭을 디지털 양으로 변환하기 위하여 표본화된 신호를 정량화하는 과정.

★양자화 잡음 개선책

ⓐ 양자화 Step 수 증가 ⓑ 압신기 설치 ⓒ 비선형 양자화

★$S/N_q = 6n + 1.8[dB]$, n : 양자화 비트 수

③ 부호화(Encoding)

양자화에 얻어진 불연속 PAM 신호를 1과0으로 표시하는 2진부호로 변환.

1) 아날로그 신호를 디지털 신호로 변환 시 PAM 신호를 양자화 함으로 양자화 잡음이 발생한다. 이때 양자화 과정에서 비트를 추가할 경우 S/N비는 몇dB증가?

정 답 6[dB], 6[dB]법칙: 양자화 비트수(n)를 1bit 증가 시킬수록 S/N_q가 6[dB]씩 증가한다.

2) 음성신호 4KHz를 저역여파기에 투과한 후, 양자화 수가 256일 때, PCM 전송해서 전송속도를 구하려 한다. 다음에 답하시오.

① 표본화 주파수: $f_s = 2f_m = 2 \times 4㎑ = 8㎑$

② 부호화 Bit 수: $\log_2 M = \log_2 256 = 8bit$

③ 채널당 전송속도: 표본화주파수×부호화 bit수 = $8㎑ \times 8 = 64kbps$

13. 전송제어문자(10문자)

SOH (Start of Heading)	정보 메시지의 헤딩 개시
STX (Start of Text)	텍스트 개시 / 헤딩 종료
ETX (End of Text)	텍스트의 종료
EOT (End of Transmission)	전송을 종료 / 데이터 링크 초기화
ETB (End of Transmission Block)	전송 블록의 끝
ENQ (Enquire)	상대국에 데이터 링크 설정 / 응답 요구
SYN (Synchronous / Idle)	문자 동기 유지
DLE (Data Link Escape)	다른 전송 제어 문자 앞에 붙어 새로운 의미부여 및 전송제어 기능을 추가
NAK (Negative Acknowledge)	수신메시지에 대한 부정 응답
ACK (Acknowledge)	수신메시지에 대한 긍정 응답

14. LAN 네트워크 형태 – 토폴로지(Topology)

1) 토폴로지에 따른 분류 5가지를 기술하시오.

① 성형(star) ② 트리형(tree) ③ 망형(mesh) ④ 링형(ring) ⑤ 버스형(bus)

2) 10개의 기지국의 메쉬형 링크 수 계산식과 링크 수를 기술하시오.

정답 $\frac{n(n-1)}{2}=\frac{10(10-1)}{2}=45$

종류(형태)	스타형(성형)	버스형	링형
토폴로지 (Topology)			
구성	중앙제어장치에 Point-To-Point연결	1개의 통신회선에 여러대의 단말접속	연속적인 원형에 단말이 순차적으로 연결. 단말을 직접 연결하는 방식
접속방식	TDMA(시 분할 다중접속방식)	CSMA/CD방식 토큰 패싱 방식	토큰 패싱 방식
장점	설치용이. 소규모 시스템 구축 적합.	설치비용저가. 노드의 추가/제어용이. 소규모 시스템 적합	전송로 길이가 짧다. 고장 발견용이, 이중화되어 신뢰성 높다
단점	CPU 고장 시 전체통신정지. 설치비용 고가.	고장 발견이 어렵다. 충돌 발생할 수 있음	Network 변경/추가 어렵다. 한 노드 고장 시 복구가 어렵다

15. 회선제어절차 순서

① 회선접속 ② 데이터링크 확립 ③ 정보전송 ④ 데이터링크 해제 ⑤ 회선절단

16. 통신 전송방식 - 단방향, 반이중, 전이중

① 단방향: 한쪽 방향으로만 송신이 가능. (예: TV방송, 라디오방송)

② 반이중: 양방향 전송이 가능하나 한쪽이 송신 시에는 다른 한쪽은 송신이 불가하고 수신만 가능. 양쪽이 동시에 송수신 불가. (예: 무전기)

③ 전이중: 양방향 송수신이 동시에 가능한 방식. (예: 전화)

17. 비디오텍스(Videotex), 텔레텍스트(Teletext)

① 비디오텍스(Videotex): TV수상기나 컴퓨터 모니터를 단말기로 이용하고, 전화망을 통해 정보 센터와 연결하여 화상정보를 제공하는 시스템.

② 텔레텍스트(Teletext): TV방송의 전파 틈을 이용하여 뉴스, 일기예보 등을 문자 정보로 전달하는 다중방송.

18. 망 연동 장치

① 게이트웨이(Gateway)

서로 다른 구조의 네트워크를 연결하는 장치.

전 계층의 프로토콜 변환기. 프로토콜 변환은 높은 계층의 프로토콜부터 수행.

② 라우터(Router)

유사한 구조의 네트워크를 연결하는 장치. 즉 동일한 트랜스포트 프로토콜을 가진 다른 구조의 네트워크 계층을 연결하는 장치.

네트워크 층간을 연결한다. 기능은 Addressing과 Routing.

③ 브릿지(Bridge)

같은 종류의 패킷형 LAN을 연결하는 장치. 즉 거리가 이격되어 있는 네트워크의 물리 계층 및 데이터 링크 계층 간을 연결한다.

④ 리피터 (Repeater)

전송신호의 재생 중계 장치로 장거리 전송 시 일정한 거리 이상 전송되면 신호의 세기가 감쇠하는데 이때 신호를 재생시키거나 출력전압을 높여주는 역할을 한다.

19. 흐름제어

두 지점 사이에 데이터의 흐름을 조절하는 것. 수신 노드로 하여금 받은 데이터를 초과하지 않도록 수신율을 조절하는 것이 목적.

20. LAN, MAN, WAN

① LAN (Local Area Network)

사무실, 캠퍼스처럼 한정된 지역(수Km이내)의 최적화된 네트워크.

② MAN (Metropolitan Area Network)

도시지역(5~50Km이내)의 관련 있는 LAN을 서로 연결시킨 네트워크

③ WAN (Wide Area Network)

광 대역 공중 통신망, 이해관계가 있는 연구소간, 다국적 기업 간, 또는 유대관계가 있는 망을 서로 연결시킨 네트워크

21. 전자 교환기

1) 기본 구성도

① 주사장치: 가입자의 발신이나 복구 상태를 검출하는 기능.

② 신호 분배장치: 통화 로를 구성시키는 신호를 분배하는 부분.

③ 프로그램 기억장치: 교환 절차나 반영구적인 데이터가 보관.

④ 중앙제어장치(CPU): 호 처리를 위한 통화로망 및 입출력시스템을 제어하기 위한 제어 정보에 의하여 가입자선 상호간, 중계선 상호간, 가입자선과 중계선을 동작 / 복구시키기 위한 모든 제어를 담당.

2) 전화기 관련 문제

① 전화 단말기의 기본 구성요소.

* 통화장치: 송화기, 수화기, 유도선륜, 축전기
* 신호장치: 자석전령, 자석발전기
* 호출장치: 다이얼, 푸쉬버튼.
* 신호전환장치: 후크스위치

② 전화기의 후크 스위치 기능: 통화회로와 신호회로 구분.

③ 측음이란 무엇이며 왜 필요한가?

→ 자신의 음성이 자신의 수화기에 들리는 현상으로 자기음성의 대소고저를 조절할 수 있어

서 적당한 측음은 필요.

22. 비동기 전송문자 구하기 (캐릭터 수 = 문자 수)

1) 사용하고 있는 비동기 단말장치가 300bps라 하면, ASCII CODE로Start bit :1 bit, Stop bit: 1 bit, Check bit: 1 bit를 사용할 때 다음을 계산하시오.

① 초당 캐릭터 수(c/s)

$$\frac{[bps]}{\text{캐릭터당 총 } bit\text{수}} = \frac{300}{7(ASCII)+1(\star\ t\ bit)+1(stop\ bit)+1(\breve{}\ bit)} = 30[c/s]$$

② 1분간 전송할 수 있는 최대 캐릭터 수(c/m)

$$\frac{[bps]}{\text{캐릭터당 총 } bit\text{수}} \times 60 = \frac{300}{10} \times 60 = 1800[c/m]$$

23. PCM-24CH 방식

① 1 Frame은 몇 초 인가? → 1 / 8000 = 125[μs]

② 1 통화로에 할당하는 시간은? → 125[μs] / 24 = 5.2[μs]

③ 1 Time Slot 점유 시간(차지하는 시간)? → 125[μs] / 193 = 0.648[μs]

④ 1 Frame에 수용되는 Bit 수는? → 8[bits] × 24 + 1 = 193[bit]

⑤ 부호펄스의 클럭 주파수는(펄스 전송속도)? → 8[KHz] × 193bit =1.544[Mbps]

⑥ 정보전송량 (한 채널당의 총 bit 전송량) → 8 bit × 8[KHz] = 64[Kbps]

24. 계통도 그림과 같은 통신 회선에서의 신호레벨 구하기

C 값: 0 + 10[dB] − 4[dB] + 8[dB] − 20[dB] = −6[dB]

→ 신호가 LPF(저역통과필터)와 ATT(감쇄기)를 거치면 신호는 감쇄되고 Amp(증폭기)를 거치

면 신호는 증폭된다.

25. PCM 계산 문제

1) PCM 기록 장치에서 최고 주파수 10[KHz]까지 녹음을 하기 위해서는 1초에 몇 비트의 정보량을 기록해야 하는가? (단, 1샘플을 8비트로 기록한다고 본다)

① 원 신호 최고 주파수 → 10[KHz]

② 표본화 주파수 → 10[KHz] × 2 = 20[KHz]

③ 양자화 비트 수 → 8[Bit]

④ 초당 전송되는 정보량 → 20[KHz] × 8 = 160[Kbps]

※ 참고

1샘플을 8비트로 기록하지 않을 때는 양자화 비트 수는 7[bit]라 한다면 초당 전송되는 정보량은 140[Kbps]이다.

26. CSMA/CD 방식, Token Passing 방식

① CSMA/CD [Carrier Sense Multe-Access/Collision Detection] 방식

이더넷의 전송 프로토콜로서 한 단말이 패킷을 전송하는 동안 전송매체의 상태를 감청하다가 충돌 감지 시 즉시 패킷전송을 중단하고, 패킷이 충돌한 것을 모든 단말에게 알린 다음 랜덤 시간 동안 기다리게 한 후 다시 전송하는 방식. 이 방식은 호의 발생이 비교적 적은 경우에 유효한 방법이지만 호가 증가하는데 따라 충돌이 급증하는 경향이 있다.

* CSMA: 충돌을 감시하기 위해 패킷의 송출을 개시하기 직전에 채널의 사용여부를 신호 검출에 의해 조사하여 사용 중 이면 그 신호가 없어 질 때까지 송신의 개시를 연기하는 방법.

② Token Passing 방식

원형(ring) 모양의 통신로를 사용하는 근거리 네트워크(LAN)에서 Token(Data Frame을 전송할 권리를 나타내는 것)이 물리적 버스, 논리적 링을 따라 돌게 된다. 이때 Data Frame을 송신하려는 단말은 이 자유Token을 수신하여 Data Frame앞에 Token을 붙여 송신하며, 목적지 주소와 일치되는 단말만 Data Frame을 수신하게 하는 방식.

27. 리사주 도형 – 위상차계산

<table>
<tr>
<td>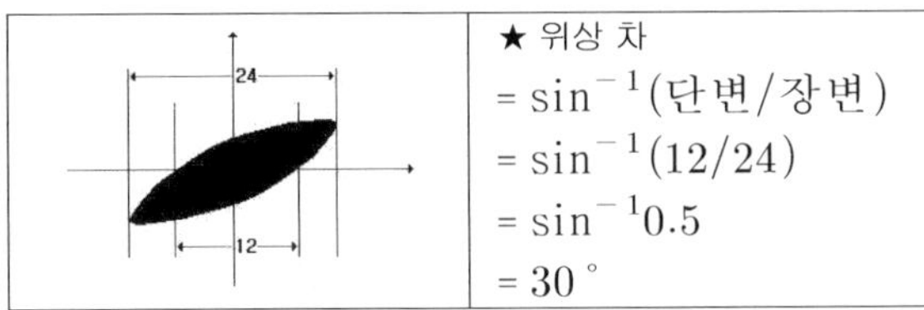
</td>
<td>★ 위상 차
$= \sin^{-1}(\text{단변}/\text{장변})$
$= \sin^{-1}(12/24)$
$= \sin^{-1}0.5$
$= 30°$</td>
</tr>
</table>

28. $V_{AM} = (100 + 40\cos 2\pi 400t)\cos 2\pi 10^5 t$ 일 때 다음을 계산

1) 다음 주파수는 얼마인가?

① 상측파: $10^5 + 400 = 100.4[\text{kHz}]$ ② 하측파: $10^5 - 400 = 99.6[\text{kHz}]$

2) 변조도 m은 얼마인가?

$$m = \frac{A_m(\text{신호파진폭})}{A_c(\text{반송파진폭})} = \frac{40}{100} = 0.4$$

3) 반송파 전력비 / 상측파대 전력비 / 하측파대 전력비

$$\rightarrow 1: \frac{m^2}{4}: \frac{m^2}{4} = 1: \frac{0.4^2}{4}: \frac{0.4^2}{4} = 1: 0.04: 0.04$$

29. 약어 설명

① ISO (International Standard Organization): 국제 표준화 기구
② OSI (Open System Interconnection): 개방형 시스템 상호접속
③ PAD (Packet Assembler / Disassembler): 패킷 분해 및 조립기
④ MHS (Message Handing Service): 메시지 교환 서비스
⑤ ARQ (Automatic Repeat Request): 자동 재전송 요구

30. 설명하시오.

1) URL(Uniform Resource Locator)

인터넷 웹 사이트의 위치를 표시하기 위해 사용하는 주소
표기 형식 → 프로토콜://인터넷주소/디렉토리 이름/파일 이름

2) MHS (Mesaage Handing Service)

ITU-T(국제전기통신연합 전기통신표준화 부문)가 공중망 서비스 부분에서 표준화를 지정하고 있는, 전자우편 시스템을 말한다.

31. EMS, EMI, EMC

① EMS (Electro-Magnetic Susceptibility: 전자파 내성)
→ 전자파 방사 또는 전도에 의한 영향으로부터 정상적으로 동작 할 수 있는 능력.
② EMI (Electro-Magnetic Interference: 전자파 장해)
→ 어떤 기기에서 방사 또는 전도되는 전자파가 다른 기기의 기능에 장애를 주는 것.
③ EMC (Electro-Magnetic Compatibility: 전자파 양립성)
→ 어떤 기기가 동작 중에 발생하는 전자파를 최소한으로 하여 타 기기에 간섭을 최소화해야 하며 (EMI), 외부로부터 들어오는 각종의 전자파에 대해서도 영향을 받지 않고 견딜 수 있는 능력을 갖추어야 한다. (EMS)

1) EMS, EMI 사항들을 강화하는 이유

전자파의 상호 간섭이나 영향은 기기나 시스템에 오동작을 일으킬 수 있고, 신체에도 영향을 주기 때문에 국가마다 기준을 정해 강력히 규제한다.

32. TCP/IP(Transfer Control Protocol/Internet Protocol)

인터넷에서 전송되는 정보나 파일들이 일정한 크기의 패킷들로 나뉘어 네트워크상 수많은 노드들의 조합으로 생성되는 경로들을 거쳐 분산적으로 전송되고, 수신지에 도착한 패킷들이 원래의 정보나 파일로 재조립되도록 하는 기능이다. 인터넷에서 사용하는 대표적인 표준 프로토콜.

1) TCP/IP 계층 4가지

응용계층(Application Layer)
전송계층(Transport Layer)
인터넷계층(Internet Layer)
네트워크 인터페이스 계층(Network interface Layer)

2) TCP, UDP 비교

TCP와 UDP의 차이는 sequence 제어를 하느냐의 차이로 신뢰성이 요구되는 애플리케이션에서는 TCP를 사용하고, 간단한 데이터를 빠른 속도로 전송하는 애플리케이션에서는 UDP를 사용한다.

33. 10 Base T 방식

① 10의 의미: 10[Mbps]의 전송속도
② Base의 의미: Baseband 전송방식
③ 전송거리: 100m
④ 전송매체: 트위스트 페어 케이블.
⑤ 10 Base 5 이었다면 전송거리는 500m가 된다.

34. 흡수손실 원인

① 재료 고유의 손실 ② 불순물에 의한 손실 ③ 구조 불완전 손실

35. JPEG, MPEG

① JPEG (Joint Photographic coding Experts Group)

→ 사진 등의 정지화상을 통신에 사용하기 위한 압축하는 기술 표준.

② MPEG (Moving Picture Experts Group)

→ 동화상 정보를 통신에 사용하기 위한 압축하는 기술 표준.

36. dB로 환산하는 계산문제 → 변형되서 출제

① 데시벨(Decibel) 단위: $[dB]$

$dB = 10\log_{10}\frac{P_2}{P_1}$, P_1은 기준 신호 전력, P_2는 피 측정 신호전력

② 네퍼(neper) 단위: [neper]

$[neper] = \frac{1}{2}log_e\frac{P_2}{P_1}$

③ $[dB]$와 [neper]와의 관계

$1[neper] = 8.686[dB]$, $1[dB] = 0.115[neper]$

1) 어떤 회로의 출력 전력이 10[W]로 측정 된 경우 [dBm]단위로 환산.

$\rightarrow 10\log\frac{10[W]}{1[mW]} = 10\log 10^4 = 40[dBm]$

37. 그림에서 전송로 손실은 몇 dB?

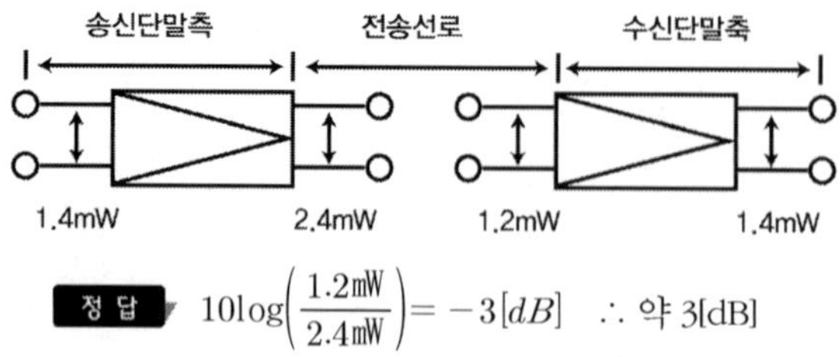

정 답 $10\log\left(\frac{1.2mW}{2.4mW}\right) = -3[dB]$ ∴ 약 3[dB]

1) 중계회로에서 송단 전압 45V, 수단 전압 0.45V, 송단 감쇠량 17[dB],수단 감쇠량 13[dB]일 때 중계기

감쇠량은?

정 답 총 감쇠량 = 20 log (0.45 / 45) = −40[dB]

(−17[dB]) + 중계기 감쇠량(×) + (−13[dB]) = −40[dB]

∴ 중계기 감쇠량 = 10dB

38. 통신프로토콜

1) 통신프로토콜기능 4가지

- 분리와 조합
- 에러 제어
- 동기제어
- 다중화
- Framing(투명성)
- 흐름제어
- 순서바로잡기
- Routing(경로 배정)
- 요약화(Encapsulation)
- 접근제어
- 주소 부여
- 우선순위 배정

2) 통신프로토콜의 3가지 기본요소를 적으시오.

① 구문(Syntax): 데이터의 형식, 부호화, 신호크기 규정.

② 의미(Semantic): 제어와 오류복원을 위한 제어정보 규정.

③ 순서(Timing): 속도 정합과 순서 규정.

3) 통신 프로토콜의 필요성

통신을 원하는 두 시스템 간에 효율적이고 정확한 정보 전달을 위해 필요하다.

4) TCP/IP 프로토콜을 이용하는 인터넷에서 망 관리를 위한 프로토콜

→ SNMP: Simple Network Management Protocol(단순망 관리 프로토콜)

5) IP 주소는 알지만 MAC 주소를 모를 때, 이를 알기위해 사용되는 프로토콜을 적으시오.

→ ARP(Address Resolution Protocol): 주소 결정 프로토콜은 네트워크상에서 IP 주소를 물리적 네트워크 주소로 대응시키기 위해 사용되는 프로토콜이다.

39. 광통신 문제

1) 단일모드 광섬유와 다중모드 광섬유의 특징

① 단일모드 광섬유

- 코어 직경 10[um]미만으로 작다.
- 저 손실 / 장거리 전송
- 고속 대용량 전송
- 모드 간 간섭이 없다
- 빛의 산란이 작다.

② 다중모드 광섬유

- 코어 직경 50[um]이상으로 크다.
- 전송되는 모드가 여러 개
- 저속 / 단거리 전송
- 단일모드에 비해 직경이 커서 제조 / 접속이 용이.

2) 광 케이블의 장점

① 가요성 ② 무유도성 ③ 광대역성 ④ 고속성 ⑤ 경제성 ⑥ 경량성 ⑦ 세경성

3) 광 전송계 관련 문제

① 단국 중계 장치에서 사용되는 발광소자로 많이 사용되는 것은?
→ ILD (Injection Laser Diode: 주입형 레이저 다이오드)

② 현재 1.3~1.7[um] 대역의 장파장 광통신을 사용하려는 가장 큰 요인은?
→ 분산이 거의 0에 가깝기 때문, 빛이 광섬유 내를 진행하며 잃어버리는 손실이 가장 적기 때문에.

③ 디지털 광 전송방식에서 현재 가장 많이 사용되는 변조방식은?
→ IM: 직접 강도 변조 방식.

④ 광섬유 손실 중 광섬유에 포함된 불순물에 의해서 가장 큰 손실 요인이 되는 것은?
→ 흡수손실

4) 광통신에서 많이 쓰는 수광 소자 2가지를 쓰시오.

① PD (Photo diode): 값이 저렴하고 소용량 및 저속의 간단한 시스템에 적합하며, S/N비가 낮고 출력 전력도 낮다. 증배 작용이 없다.

② APD (Avalanche Photo diode): 높은 바이어스 전압이 필요하지만 avalanche 증배에 의해 큰 출력을 얻을 수 있고, S/N비를 향상시킬 수 있어 장거리 및 대용량 고속 광전송에 적합하다.

※ 발광 소자: 광원에는 발광 다이오드(LED)와 분사 레이저 다이오드(ILD)가 있다.

5) FTTx의 종류 3가지를 쓰고 간단히 설명하시오.

- FTTH(Fiber To The Home) – 초고속정보통신망 구축을 위하여, 전화국에서 가입자 댁내까지 가입자 선로 전부를 광케이블 화하는 방식
- FTTO(Fiber To The Office) – 상업지역의 큰 건물들을 연결하는 가입자선로를 광섬유 화하는 방식
- FTTC(Fiber To The Curb) – FTTH의 포설비용 등의 과다한 부담을 덜기위하여 가입자 댁내 근처까지는 광케이블을 사용하고, 가입자 대내까지는 기존 사용되고 있는 통신을 그대로 활용하는 방식

6) HFC(Hybrid Fiber Coaxial) 혼합 광 동축 케이블망

HFC전송망은 음성 및 영상 데이터와 같은 광대역 멀티미디어 콘텐츠를 전달하기 위해 기존의 케이블 TV망을 서로 다른 부분에서 광케이블과 동축케이블을 혼합하여 사용하는 통신기술로서 서비스 구역을 여러 개의 Cell로 분할하여 방송국에서 분배센터 그리고 각 Cell내의 광망 종단장치(ONU)까지는 광케이블로 연결하고 광망 종단장치(ONU)부터 각 가입자 댁내까지는 동축케이블을 사용하여 서비스 하는 형태로 기존의 전화선을 이용하던 xDSL에 비해 속도 및 안정성이 매우 뛰어나며, 양방향 전송이 가능하다, 또한 기업이나 가정에 항상 설치되어 있는 기존의 동축케이블을 교체하지 않고도 광섬유 케이블의 일부 특성을 사용자 가까이 전달할 수 있어 동축케이블만 사용하는 것보다 초고속 광대역 데이터 전송이 가능하다.

40. VAN의 정의 / 이용형태 3가지

① VAN (Value Added Network): 공중 통신사업자로부터 통신회선을 임대해서 부가가치를 높인 통신서비스를 제공하는 망.

② 이용형태: PC 통신, 신용카드 조회, E-MAIL, EDI

41. 2개의 정보비트 A,B가 있다. 여기에 우수 패리티 p를 추가하려고 한다.

① 다음 진리표에 우수 패리티가 되도록 p를 결정하라.

A	B	P
0	0	①
0	1	②
1	0	③
1	1	④

정 답 ①0, ②1, ③1, ④0

② 우수 패리티 p의 논리식을 쓰시오.

B \ A	0	1
0	0	1
1	1	0

정 답 $P=\overline{A}B+A\overline{B}=A\oplus B$

42. Internet에서 Telnet은 어떠한 서비스를 제공하는가?

원격지의 컴퓨터를 인터넷을 통해 접속하여 자신의 컴퓨터처럼 사용할 수 있는 원격 접속 서비스다.

43. 통신 측정에 관한 문제

① 오실로스코프를 이용한 정현파 교류신호의 측정에서 수신 측 스위치 (Volt/cm)의 지시 값이 2V이고, 수평 측(Time/cm)의 지시 값이 5[㎲]일 때 화면에 나타난 파형의 상하 진폭이 4cm이고, 좌우 한 주기의 거리가 5cm라면 이 교류신호의 피크-피크전압(V_{P-P}), 실효전압(V_{rms}), 주기(T), 주파수(f)를 구하시오. (단, 계산 결과는 반올림에 의해 소수점 이하 2자리까지 구할 것)

→ * V_{P-P}: 8[V] * 실효전압: V_m(진폭)/$\sqrt{2}=2.83[V]$

* 주기: $T=5\times5\times10^{-6}=25[\mu s]$ * 주파수: $f=\frac{1}{T}=\frac{1}{25\mu s}=40[kHz]$

44. 다중화기, 집중화기 비교.

① 다중화기: 다중화 기술을 이용하여 하나의 회선 또는 전송로를 분할하여 개별적으로 독립된 다수의 신호를 동시에 송수신할 수 있는 장치로 입력 측과 출력 측의 전체 대역폭이 같다. 동기식으로 다중화.

② 집중화기: 하나 또는 소수의 회선에 여러 대의 단말기를 접속하여 사용할 수 있도록 하는 장치로 입력 측이 출력 측 보다 많거나 같다. 비동기식으로 다중화.

45. 정보통신시스템에서 소프트웨어의 기능을 설명.

소프트웨어: 시스템 소프트웨어와 응용 소프트웨어로 나누어진다.

① 시스템 소프트웨어: 통신전송 / 제어를 효율적으로 이용하고 사용자가 쉽게 통신제어 등을 이용할 수 있도록 한다.

② 응용 소프트웨어: 사용자들의 전송(통신) 특성상 업무에 적합하게 개발한 프로그램을 말한다.

46. 문자지향형 프로토콜, 비트지향형 프로토콜.

문자지향형 프로토콜	비트지향형 프로토콜
* 대표적 프로토콜: BSC * 단방향, 반이중 방식만 가능 * PTP, MP 통신망에서만 가능 * Roll-call-Polling방식, Select hold 방식 사용. * Stop and wait ARQ 방식 사용. * 투명성 보장 안 됨.	* 대표적 프로토콜: HDLC * 단방향, 반이중, 전이중방식 가능 * PTP, MP, loop 통신망 가능 * Hub-go-Polling방식, Fast Select방식 사용. * Go Back N ARQ 방식 사용. * 투명성 보장.

47. DNS (Domain Name System) 서버의 기능.

→ 네트워크상에서 도메인 네임을 관리하는 시스템.

도메인 또는 호스트 이름을 숫자로 된 IP주소로 해석해주는 TCP/IP 네트워크 서비스이다.

분산 데이터베이스로 구성되어 있고 주소와 IP가 매칭 되는 식으로 변환한다.

48. 슬라이딩 윈도우 프로토콜 (Sliding Window Protocol)

예를 들어 3개의 프레임을 전송한 후 부정응답신호가 오지 않으면 프레임 개수를 늘려 5개의 프레임을 전송한다. 이 때 부정응답신호가 오면 개수를 줄여서 프레임을 전송한다. 즉 전송하고자 하는 프레임의 개수를 상황에 따라서, 늘이거나 줄이거나하는 방식이다.

49. 등화기

신호의 주파수 특성을 고르게 보상해주는 장치.

① 고정등화: 아날로그 전송 방식의 중계 전송로에서 중계 수가 증가하면 전송 특성의 편차가 누적되어 이들 누적 편차를 적당한 구간에서 모아 보상하기 위한 것.

② 적응등화: 선로 환경이나 특성 등에 의해 전송 조건이 변동하는 시스템에서, 수신 측에서 그때그때 변동되는 전송조건을 검출하여 적응 제어 적으로 신호를 등화 하는 자동 등화 기술.

50. 통화선 신호방식, 공통선 신호방식

① 통화선 신호방식

신호들이 통화 채널을 통해 전달되는 신호방식. 즉 통화 채널과 신호 채널이 분리되어 있지 않은 신호방식.

② 공통선 신호방식

축적 프로그램 제어 방식의 전자 교환기에서 신호 정보를 집중 처리하는 특성에 의해적용이 가능하게 된 방식. 즉 통화 채널과 신호 채널이 분리되어 있으므로 신호회선만으로 신호망이 구성.

51. IPv4와 IPv6

1) IPv4와 IPv6에서의 IP주소는 각각 몇 비트인가?

→ IPv4: 32 bit

IPv6: 128 bit

2) IPv6 주소 종류 3가지를 쓰시오.

- 유니캐스트 주소
  단일 인터페이스를 식별하기 위한 주소
- 멀티캐스트주소
  인터페이스 그룹을 실별 하는 주소
- 애니캐스트 주소
  다수의 인터페이스를 지정한다는 점에서 멀티캐스트 주소와 비슷하지만 해당 그룹에 속하는 모든 인터페이스로 패킷이 전달되지 않고 가장 가까운 거리에 있는 인터페이스에게만 패킷이 전달된다.

52. 핸드오프, 로밍에 대해서 서술하는 문제

① 핸드오프(hand off): 사용자가 현재 셀에서 다른 셀로 이동할 때 통화 채널을 자동적으로 전환해 주는 것

② 하드핸드오프(hard hand off): 새로운 채널을 열기 전에 기존의 채널을 먼저 끊는 방식으로 아날로그 AMPS방식에서 사용되고 있다.

③ 소프트핸드오프(soft hand off): 새로운 채널을 먼전 열고 기존의 채널을 끊는 방식으로 디지털인 CDMA방식에서 사용되고 있다.

④ 소프터핸드오프(softer hand off): 섹터 간 핸드오프를 말한다.

⑤ 로밍(roaming): 서로 다른 통신 사업자의 서비스 지역 안에서도 통신이 가능하게 연결해 주는 서비스

53. 유비쿼터스와 RFID에 대해서 서술하시오.

① 유비쿼터스: 언제 어디서나 시간과 장소에 구애 받지 않고 네트워크에 접속 할 수 있는 통신 환경으로서 인간의 커뮤니케이션의 집대성이다.

② RFID(Radio Frequency Identification): IC 칩과 무선통신 기술을 이용해 식품 동물 사물 등 다양한 개체의 정보를 관리할 수 있는 무선식별 인식기술

※ RFID의 구성요소 3가지

① chip(tag), ② reader, ③ 데이터처리장치(host computer)

54. 위성통신

1) 다원접속방법 4가지

주파수 분할 다중화 방법(FDMA), 시분할 다중화 방법(TDMA), 코드분할 다중화 방법(CDMA), 공간분할 다중화 방법(SDMA)

2) 스펙트럼확산 방식 4가지

① 직접 확산 SS-DS(spread spectrum-direct sequence)

② 주파수 도약 방식 SS-FH(spread spectrum-frequency hopping)

③ 시간 도약 방식(TH: time hopping)

④ 차프 변조(Chirp Modulation)

3) 위성 통신 할당방식 3가지

사전할당, 임의 할당, 고정할당방식이 있다.

55. IP 주소가 23.26.7.91 이다. 클래스와 네트워크 주소를 적으시오.

① 클래스: A 클래스

② 네트워크 주소: 23.0.0.0

※ 구하는 방법

주어진 IP 주소의 맨 앞 부분 23을 주목한다. 그리고 밑의 클래스 범위에서도 맨 앞 쪽의 숫자를 주목한다. 예를 들어 클래스 A는 0~ 127 이고, B는 128~191이다. 그렇게 그 클래스 범위 안에 주어진 IP 주소의 앞부분 23이 어디 클래스 범위에 들어가는가에 따라 클래스가 정해진다.

그리고 네트워크 주소는 주어진 IP주소의 앞부분 23을 쓰고 나머지는 0.0.0을 붙여주면 된다.

※ 인터넷주소의 클래스 범위 ※
class A: **0**.0.0.0 ~ **127**.255.255.255
class B: **128**.0.0.0 ~ **191**.255.255.255
class C: **192**.0.0.0 ~ **223**.255.255.255
class D: **224**.0.0.0 ~ **239**.255.255.255
class E: **240**.0.0.0 ~ **247**.255.255.255

Class	Mask	Address(example)	Network Address(example)
A	255.0.0.0	15.32.56.7	15.0.0.0
B	255.255.0.0	135.67.13.9	135.67.0.0
C	255.255.255.0	201.34.12.72	201.34.12.0

클래스	네트워크 개수	호스트 개수
A	$2^7-2 = 126$	$2^{24}-2 = 16777214$
B	$2^{14}-2 = 16834$	$2^{16}-2 = 65534$
C	$2^{21} = 2097152$	$2^8-2 = 254$

56. 공사원가계산 항목 비 3가지.

공사원가라 함은 공사시공과정에서 발생한 재료비, 노무비, 경비의 합계

1) 5가지 - 이윤, 일반관리비 추가

57. 정보통신 시설공사 감리요령

1) 감리의 정의

공사에 대하여 발주자의 위탁을 받은 용역업자가 설계도서 및 관련 규정의 내용대로 시공되는지를 감독하고, 품질관리 시공관리 및 안전관리에 대한 지도 등에 관한 발주자의 권한을 대행하는 것.

2) 감리원의 업무범위

① 공사계획 및 공정표의 검토

② 공사업자가 작성한 시공상세도면의 검토·확인

③ 사용자재의 규격 및 적합성에 관한 검토·확인
④ 재해예방대책 및 안전관리의 확인
⑤ 설계변경에 관한 사항의 검토·확인
⑥ 공사가 설계도서 및 관련규정에 적합하게 행하여지고 있는지에 대한 확인
⑦ 하도급에 대한 타당성 검토
⑧ 준공도소의 검토 및 준공확인

3) 감리원의 배치기준

① 총 공사금액 100억 원 이상 공사: 기술사
② 총 공사금액 70억 원 이상 100억 원 미만인 공사: 특급 감리원
③ 총 공사금액 30억 원 이상 70억 원 미만인 공사: 고급 감리원
④ 총 공사금액 5억 원 이상 30억 원 미만인 공사: 중급 감리원
⑤ 총 공사금액 5억 원 미만인 공사: 초급 감리원 이상의 감리원

4) 감리결과의 통보(공사가 완료된 날부터 7일 이내에 감리결과를 발주자에게 통보하여야 한다.)

① 착공일 및 완공일
② 공사업자의 성명
③ 시공 상태의 평가결과
④ 사용자재의 규격 및 적합성 평가결과
⑤ 정보통신기술자배치의 적정성 평가결과

58. 전기통신사업자의 구분

① 기간통신사업자
② 별정통신사업자
③ 부가통신사업자

59. 강전류 전선 이격 거리와 고압의 정의

① 지중통신선을 지중 강전류 전선으로부터 30cm, 특별고압의 경우는 60cm

② 고압이란 직류는 750볼트, 교류는 600볼트를 초과하고 각각 7000볼트 이하인 전압을 말한다.

60. 다음의 접지전극 시공방법

현재 접지분야에서 가장 많이 사용되고 있는 방법으로 시공면적이 넓고 대지 저항률이 낮은 지역에서 우수한 성능발휘.

61. 정보통신 설계 접지방식 3가지

제1종접지공사: 접지저항 값 10[Ω], 피뢰침접지

제2종접지공사: 접지저항 값 150[Ω], 특고압-고압 혼촉방지판

제3종접지공사: 접지저항 값 100[Ω], 외함접지. 전열접지

특별 제3종 접지공사: 접지저항 값 10[Ω], 400V를 넘는 저압기계기구의 외함

62. 착공계 구비서류 3가지

① 인감증명서

② 시공계획서

③ 공사예정계획표

1) 종합건설 공사 착공계 구비서류

① 건설업 면허증 사본

② 면허수첩 사본

③ 사업자 등록증사본

④ 납세 완납필증(국세, 지방세)

⑤ 법인 등기부등본
⑥ 사용 인감계
⑦ 도급계약서(수입증지 첨부)
⑧ 공정표

63. 낙뢰 또는 강전류 전선과의 접촉으로 (이상전류) 또는 이상전압이 유입될 우려가 있는 방송통신설비에는 과전류 또는 (과전압)을 방전 시키거나 이를 제한 또는 차단하는 (보호기)가 설치되어야 한다.

64. 통신용 접지설비의 목적

① 겉으로 드러난 금속 구조물이 등전위를 유지하게 하여 전기 쇼크로 인한 사고를 방지한다.
② 계통 도체와 대지 사이에 저 임피던스 전류통로를 구성하여, 지락에 따른 사고전류를 확실히 감지해서 보호 장치가 구동되게 한다.
③ 정상 운전 상태에서 상과 대지 사이 또는 상과 중성점 사이 전압이 상승하는 것을 방지한다.
④ 비정상 상태에서 상과 대지 사이의 전압상승을 제한해서, 전압이 설비의 운전조건이나 절연계급을 초과하지 않게 한다.

1) 접지선 굵기
접지저항이 10옴 이하인 경우 – 2.6㎜
접지저항이 100옴 이하인 경우 – 1.6㎜

65. 정보통신 공사 시 공사계획서 작성에 기본적으로 포함되는 항목 5가지

→ 공기, 공사비, 공정관리계획, 공사예정공정표, 공정도표

66. 방송통신설비가 다른 사람의 방송통신설비와 접속되는 경우에는 그 건설과 보전에 관한 책임 등의 한계를 명확하게 하기 위해서 (　　)이 설정되어야 한다.

→ 분계점

67. 공통접지

서로 다른 종류의 접지를 연접해서 사용하는 것

1) 장점
   ① 독립접지에 비해 시설비가 절감된다.
   ② 접지극에 대한 신뢰도가 향상된다.
   ③ 접지가 단순화 되고 접지극의 수량이 감소한다.
   ④ 건물의 철근이나 철 구조물을 접지 극으로 사용할 수 있다.

2) 단점
   ① 계통 고장 시 접지전위가 상승하면 모든 접지전위가 동시에 상승
   ② 사고가 다른 계통으로 파급될 우려가 있음
   ③ 초고층 빌딩에서 독립접지와 병용할 경우 독립접지의 효과가 감소
   ④ 접지선을 따라 Noise가 침투할 우려가 있다.

68. 통합접지

건물 내에 사람이 접촉할 수 있는 모든 도체를 접지하여 항상 동일한 대지전위를 유지할 수 있도록 등전위가 되도록 하는 것이다.

1) 장점
   ① 모든 도체가 등전위가 되므로 감전의 우려가 없다.
   ② 건물의 철근이나 철 구조물 및 수도관, 가스관 등도 접지극으로 사용할 수 있다.
   ③ 구조체를 접지극으로 사용할 수 있으므로 낮은 접지저항 값을 얻는 것이 용이
   ④ 접지극의 신뢰성 향상
   ⑤ 별도의 접지 계통이 불필요하므로 설비가 간단하고 보수점검이 용이

2) 단점
   ① 수도관, 가스관 등과 같은 전기와 무관한 설비까지 모두 접지선으로 접속해야 하는 번거로움이 있다.

② 통신설비와 전력설비가 공통으로 접지되므로 통신설비에 노이즈가 침입할 우려가 있어 통신접지와 피뢰접지를 공용하는 경우에는 통신접지에 SPD를 설치해야한다.

69. 기타 출제가능 법규문제

1) 정보통신공사업법에서 공사의 범위 4가지

→ 정보통신공사, 방송설비공사, 통신설비공사, 유지 보수공사, 공사의 부대공사

2) 정보통신 기본설계서에 포함되는 5가지

→ 종합계획, 종합평가, 기술평가, 시스템검정, 구체적인 타당성조사

3) 정보통신 설계의 3단계

→ 착수단계, 준비단계, 설계단계

4) 설계도면에 기재하기 어려운 기술적인 사항을 표시해 놓은 도서

→ 시방서

70. 측정 장비에서의 출제경향

1) 프로토콜 분석기(Protocol Analyzer)

(1) 개요

프로토콜 애널라이저(분석기)란 일반적으로 네트워크를 지나다니는 패킷들을 캡처하여 이를 세밀하게 분석하는 소프트웨어 또는 소프트웨어와 하드웨어의 조합을 말한다.

(2) 구성 및 특징

① 소프트웨어 또는 소프트웨어와 하드웨어의 조합으로 만들어지며,

- 하드웨어성 애널라이저는 휴대용으로써 필요한 모든 것이 장착된 형태를 띠며,
- 소프트웨어성 애널라이저는 고정형 워크스테이션이나 노트북 PC에서 동작된다.

② 그 구성은 본체, 소프트웨어 및 부대장비로 이루어진다.

(3) 프로토콜 분석기의 주요 기능

① 패킷의 캡처 및 저장 기능 (Capture & Store)

- 저장장치 용량한계까지 데이터 패킷을 캡처하고 이를 저장

② 프로토콜의 해석 (Decode)

- 각종 주요 프로토콜을 심층 분해/해독/번역/분석/해석하여 다양한 형태로 보여줌

③ 네트워크의 실시간 모니터링(감시) 및 분석 (Monitor & Analysis)

- 네트워크상의 제반 문제점 진단 및 특화된 분석 시행
- 네트워크 트래픽의 모니터링과 통계 자료 및 이를 리포트화하는 기능 등

(4) 기타기능들

① 네트워크를 떠돌아다니는 패킷 유형에 대한 정보 (전송의 정확성 조사)

② 노드의 감시, 1 대 1 통신 테스트

③ 상호 연결된 네트워크 구성정보 조사

④ 각 노드로부터의 중요 정보 해석, 비정상적인 상황의 종합 리포트 기능

⑤ 트래픽 등의 성능 데이터 등 조회

⑥ 네트워크 효율성, 성능, 에러, 잡음 문제 등의 유용한 정보 제공 등이 있다.

2) 표준신호 발생기 구성요소

① 고주파 발진기

② 저주파 발진기

③ 변조기

④ 감쇄기

71. 홈 네트워크의 기술

① 유선 홈 네트워크 기술

Home PNA

IEEE1394

USB(Ultra Serial Bus)

Ethernet

전력선 통신(PLC:PowerLine Communication)

② 무선 홈 네트워크 기술

Bluetooth(블루투스)

Zigbee

무선랜(IEEE802.11x)

무선 1394

UWB(Ultra-Wide band)

Chapter 02

네트워크 용어 정리

- HTTP(Hyper Text Transfer Protocol)
  - WWW에서 데이터 엑세스에 사용
  - HTTP 트랜잭션

- SMTP(Simple Mail Transfer Protocol)
  - 전자우편 서비스 프로토콜

- SNMP(Simple Network Management Protocol)
  - 인터넷을 감시하고 관리하기 위한 기반구조
  - 단순 네트워크 관리 프로토콜

- DNS(DomainNameSystem)
  - 이름(URL)을 주소(ip)로, 주소를 이름으로 바꾸어 주는 시스템

- 주소 변환 프로토콜(ARP: Address Resolution Protocol)
  - IP 주소(4바이트)를 MAP 물리주소(6바이트)로 변환

- 역주소 변환 프로토콜(RARP: Reverse Address Resolution Protocol)
  - ARP의 역기능 수행(DHCP에서 사용)

- 인터넷 제어 메시지 프로토콜(ICMP)
  - 오류보고용 프로토콜, 유지보수용(ping)
  - 에러와 제어 메시지 전달

- 인터넷 그룹 메시지 프로토콜(IGMP)
  - 멀티캐스팅 정보 전달

- TCP(Transmission Control Protocol)
  - 연결 지향형(상대방과 통신전에 연결설정을 갖는다. 3way hand shake 사용)Data를 전달하기 알맞은 크기로 변환 Division, Union, Data Management

- IP(Internet Protocol):
  - Packet이 전달될 정확한 위치를 정하고, 그 Destination로Data 정확하게 전달
  - 네트워크상에서의 경로 설정과 네트워크 주소를 지정하는 역할

- UDP(User Datagram Protocol)
  - 일대일, 일대 다의 Connectionless, 신뢰할 수 없는 통신 서비스를 제공한다. UDP는 주로 전달할 데이터의 크기가 작거나 TCP 연결 확립에 의한 부하를 피할 때 혹은 상위 프로토콜이 신뢰할 수 있는 전달을 책임지는 경우에 사용된다.

- BOOTP(Bootstrap protocol)
  - 디스크 없는 컴퓨터나 처음 부팅된 컴퓨터를 위해 4가지 정보를 제공하기위해 설치된 프로토콜
  - 정적 구성 프로토콜

- DHCP(DynamicHostConfigurationProtocol)
  - 제한된 시간에 임시 IP 주소 제공
  - 동적 구성 프로토콜

- FTP(File Transfer Protocol)
  - 두 System간에 File을 전송하기 위해서 Application Layer Protocol이다. TCP를 사용하기 때문에 Reliable하고 Connection-Oriented Service(연결 지향성 서비스)를 제공한다.
  - 하나의 호스트에서 다른 호스트로 파일을 전송하는 표준 프로토콜

- TrivialFileTransferProtocol(TFTP):
  - File을 전송하기 위한 Application Layer Protocol로 UDP를 사용한다.

- TerminalEmulation(Telnet)
  - Remote에 있는 다른 Computer에 접속하기 위한 Application Layer Protocol이다.

- rlogin
  - 원격 접속용(해킹에서 많이 악용 돼서 많이 쓰이질 않는다.)
    telnet 나오기 전 사용

Chapter 03

기술용어 정리

● 유비쿼터스(Ubiquitous)

유비쿼터스라는 말은 라틴어에서 유래된 것으로 언제 어디서나 존재한다는 의미로 인간의 생활 환경 속에 컴퓨터 칩과 네트워크가 편입되어 사용자는 그 장소나 존재를 의식하지 않고 이용할 수 있는 컴퓨터 환경을 말한다.

● RFID(Radio Frequency Identification Systems)

무선주파수를 이용한 상품과 사물에 부착된 정보를 근거리에서 읽어내는 기술.

● USN(Ubiquitus Sensor Network) : 유비쿼터스 센서 네트워크

RFID 센서기술과 IPv6기반의 광대역 통합망(Broadband convergence network)의 결합으로 이루어진 차세대 네트워크로 여러 개의 센서네트워크 영역이 게이트웨이를 통해 외부 네트워크에 연결되는 구조

● Wibro(wireless broadband)

2.3GHz 주파수를 사용하는 초고속 휴대용 인터넷. 기존의 무선 인터넷인 시디엠에이(CDMA)와 무선 랜의 장점만을 취하여 새로이 만들어 낸 것이다.

● LBS(Location Based Service)

휴대폰, PDA, 노트북 PC 등 휴대용 단말기를 기반으로 사람이나 사물의 위치를 정확하게 파악하고, 그 위치와 관련된 부가 서비스 및 이를 위한 시스템을 말한다.

● GIS(Geographic Information System)

지리 정보 시스템

● IPv6

현재 사용하고 있는 IPv4의 주소길이 32bit를 4배 확장하여 IETF가 1996년에 표준화한 128bit 차세대인터넷 주소체계를 말한다.

● 스마트카드(Smart Card)

마이크로프로세서와 메모리를 내장하고 있어서 카드 내에서 정보의 저장과 처리가 가능한 플라

스틱카드

- UWB((Ultra-Wideband) : 초 광대역 무선

중심 주파수의 20% 이상의 점유 대역폭을 가지는 신호, 또는 점유 대역폭과 상관없이 500MHz 이상의 대역폭을 갖는 신호.

- Zigbee

가정 · 사무실 등의 무선 네트워킹 분야에서 10~20m 내외의 근거리 통신과 유비쿼터스 컴퓨팅을 위한 기술이다.(IEEE 802.15.4)

기존의 기술과 다른 특징은 전력소모를 최소화하는 대신 소량의 정보를 소통시키는 개념.

- 블루투스(Bluetooth)

근거리 무선통신 규격의 하나로, 2.45GHz 주파수를 이용해 반경 10~100m안에서 각종 전자 · 정보통신 기기를 무선으로 연결, 제어하는 기술규격을 말한다.

- BcN(Broadband convergece network) : 광대역 통합망

현재의 개별적인 망들이 갖고 있는 한계들을 극복하고 미래에 나타날 유·무선의 다양한 접속환경에서 고품질의 음성, 데이터 및 방송이 유합된 광대역 멀티미디어 서비스를 언제 어디서나 이용할 수 있도록 하는 차세대 통합 네트워크이다.

- 위피(WIPI: Wireless Internet Platform for Interoperability)

개인용 컴퓨터의 운영체제(os)와 같은 역할을 하는 이동 통신단말기 소프트웨어로 한국에서 사용하는 무선 인터넷 플랫폼의 표준 규격. 이동 통신 업체들이 같은 플랫폼을 사용함으로써 국가적 낭비를 줄일 수 있도록 2001년부터 국책 사업으로 추진되기 시작하였다.

- U-러닝(Ubiquitous Learning)

유무선 인테넷이 가능한 곳에서 PDA, 타블릿PC등을 활용해 시·공간적 제약을 받지 않고 맞춤형 학습서비스를 제공하는 차세대 온라인학습체계

- WiMAX(World Interoperability for Microwave Access)

언제 어디서나 인터넷서비스 제공하는 휴대인터넷의 기술 표준을 목표로 인텔사가 주축이 되어 개발한 기술 방식 IEEE 802.16d. 인터넷 사용 반경을 대폭 넓힐 수 있도록 기존의 무선 LAN (802.11a/b/g) 기술을 보완한 것이다.

- VoIP(Voice over Internet Protocol)

기존부터 사용되고 있는 데이터통신용 패킷망을 인터넷폰에 이용하는 것으로, 음성 데이터를 인터넷 프로토콜 데이터 패킷으로 변화하여 일반 전화망에서의 통화를 가능하게 해주는 통신서비스 기술이다.(확장성 및 요금이 저렴)

- SS7(Signaling system 7)

음성 통신의 호출 정보와 데이터 통신의 접속 정보 등을 통합적으로 관리하기 위한 개방 신호 처리 프로토콜. 선·후불 전화 카드 등의 응용 프로그램과 인터넷 전화, 통합 메시지 시스템(UMS), 지능망(IN)의 필수 신호 방식이다. 고속 패킷 교환, 서비스 교환기(SSP), 신호 중계점(STP), 서비스 제어점(SCP) 등을 사용하는 것이 특징이다.

- DoS(Denial of Service)

정보 시스템의 데이터나 자원을 정당한 사용자가 적절한 대기 시간 내에 사용하는 것을 방해하는 행위. 주로 시스템에 과도한 부하를 일으켜 정보 시스템의 사용을 방해하는 공격 방식이다.

- DAB [digital audio broadcasting]

기존의 AM방송이나 FM방송과 같은 단순한 오디오 서비스를 뛰어넘어 콤팩트디스크(CD) 수준의 고품질 음성은 물론, 문자 · 그래픽 · 동화상까지 전송이 가능한 오디오 방송을 말한다. 일반적으로는 지상파 방송을 가리키지만, 넓게는 위성과 지상망을 동시에 활용해 멀티미디어 유료방송을 실시하는 위성 DAB도 포함한다. 지상파를 이용한 DAB는 이미 유럽과 미국에서는 일반화된 서비스로, 미국은 인 밴드 온 채널(IBOC:In Band on Channel) 방식을, 유럽은 아웃 오브 밴드(Out of Band) 방식인 유레카147을 표준으로 선택해 서비스를 제공하고 있다.

- OFDM(Orthogonal Frequency Division Multiplexing : 직교주파수분할

OFDM은 고속의 광대역 주파수 채널을 송신 신호를 다수의 직교(Orthogonal)하는 협대역 반송파(subcarrier)로 다중화시키는 변조 방식을 말한다.

대역확산 기술을 이용하는데 정확한 주파수에서 일정 간격 떨어져 있는 많은 수의 반송파에 데이터를 분산 시킨다. 바로 이 간격이, 복조기가 자기 자신의 것이 아닌 다른 주파수를 참조하는 것을 방지하는 기술 내에서 "직교성(Orthogonal)"을 제공한다.

실전문제 1

1. 송신기의 출력은 0.5W 이고, 수신기 감도는 0.1W 일 때, 증폭기는 최소 몇 dB를 증폭해야 하는가? (단, 선로손실은 2dB / Km)

풀 이 총 선로손실은 Km당 손실(−2dB) * 송수신간거리(5Km) = −10dB

= 10log(출력전력 P_o / 입력전력 P_i)

= 10log(0.1W / 0.5W) = −7dB 이므로 증폭기는 3dB 증폭해야 한다.

2. 변복조기의 송신부에서 데이터의 패턴을 랜덤하게 하여, 수신측에서 동기를 잃지 않도록 하여 신호의 스펙트럼이 채널의 대역폭 내에 가능한 넓게 분포하도록 하여 수신측에서 부호화기가 최적의 상태를 유지하도록 하는 기능.

정 답 스크램블러

3. Modem을 통하여 DATA 전송하는 것을 나타내고 있다. 패리티를 포함하여 1초당 몇 bit를 전송하고 있는가? (start bit:1bit, stop bit:2bit, check bt:1bit, 1character word 전송시간 = 0.1sec)

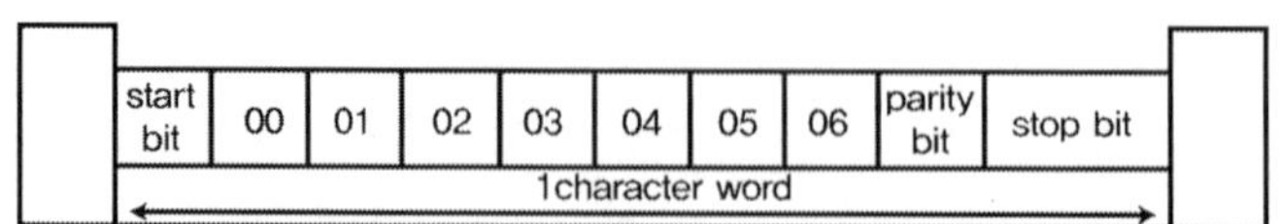

풀 이 1개의 문자가 0.1초에 전송되므로 1초에 10개의 문자가 전송된다. 그리고 1문자가 11개의 bit로 구성되기 때문에 결국 1초에 110개의 bit가 전송될 수 있다. 따라서 110bps의 속도를 가진다.

4. 공중 데이터 네트워크에서 패킷 형 단말기를 위한 DTE 와 DCE 사이의 접속규격을 정의한 CCITT의 권고안을 적으시오.

정 답 X.25

5. 데이터 통신에서 사용되는 대표적인 에러제어방식 4가지는?

정 답 ARQ, FEC, 자동반송방식, 자동연송방식.

6. 데이터 링크 제어방식은 회선제어, 흐름제어로 나뉜다. 흐름제어를 위해 사용되는 기법 2가지.

정 답 ① Stop and Wait ARQ: 전송 후 응답이 올 때까지 기다리는 방식.
② Sliding Window 방식: 한꺼번에 여러 개의 프레임을 전송하는 방식.

7. IP 주소가 23.26.7.91 이다. 클래스와 네트워크 주소를 적으시오.

정 답 ① 클래스: A 클래스
② 네트워크 주소: 23.0.0.0

8. 다음 용어의 뜻을 쓰시오.

1) MTBF(Mean Time Between Failure): 평균 고장 간격

정 답 장치의 고장을 복구한 뒤부터 다음 고장이 발생할 때까지의 평균 시간으로 그 장치를 설계할 때에 주어지는 장치 고유의 값을 나타낸다.

2) MTTR(Mean Time To Repair): 평균 수리 시간

정 답 기기 또는 시스템의 장애가 발생 시점부터 수리가 끝나 가동이 가능하게 된 시점까지 평균시간을 의미한다.

3) MTTF(Mean Time To Failure): 평균 가동 시간

정 답 ※ 가동률 $= \dfrac{MTBF(\text{평균동작시간})}{MTBF(\text{평균동작시간}) + MTTR(\text{평균불동작시간})}$

9. 전송신호 2차 정수 중 특성임피던스 R,L,G,C가 포함된 식.

정 답 $Z_0 = \sqrt{Z/Y} = \sqrt{(R+jwL)/(G+jwC)}$

10. 비동기 전송신호인 ATM Cell 헤더와 정보필더의 바이트수를 적으시오.

정 답 헤더: 5 byte 정보필더: 48 byte

11. 통신회선과 컴퓨터의 중앙처리장치(CPU)를 결합시키는 장치로 많은 회선에 대한 전송제어를 수행하고, 메시지 처리기능을 가진 장치.

정 답 CCU

12. TCP / IP

정 답 인터넷에서 전송되는 정보나 파일들이 일정한 크기의 패킷들로 나뉘어 네트워크상 수많은 노드들의 조합으로 생성되는 경로들을 거쳐 분산적으로 전송되고, 수신지에 도착한 패킷들이 원래의 정보나 파일로 재조립되도록 하는 기능이다. 인터넷에서 사용하는 대표적인 표준 프로토콜.

/참고/

Transmission Control Protocol/Internet Protocol (TCP/IP)는 미 국방성(DOD)에서 이 기종 컴퓨터 간의 통신 및 자원을 공유하기 위한 목적으로 개발된 Protocol에서 출발되었다. 신뢰할 수 없는 Network 환경에 접속된 컴퓨터간의 신뢰적인 통신을 위해 설계된 Protocol의 집단이다. TCP는 대표적인 Transport Layer Protocol이며, IP는 대표적인 Network Layer Protocol이다. 개방형 프로토콜의 표준이며, 물리적 Media에 대한 독립성을 가지고 있다. TCP/IP 주소 체계를 가지고 있으며 일관성 있는 Application Layer의 프로토콜을 가지고 있다.

실전문제 2

1. 보기의 전송제어문자 중 맞는 것을 고르시오.

정 답 ① 보조전송제어기능: DLE
② 무오류수신에 대한 응답: ACK
③ 응답요구: ENQ
④ 송수신 동기 확립: SYN
⑤ 헤더시작: SOH

2. ISO의 OSI 7계층 참조모델에 관하여 다음 물음에 답하시오.

① Layer3의 명칭을 원어로 적으시오.

정 답 Network Layer

② 중계와 경로선정을 주로 수행하는 계층:

정 답 네트워크 계층

③ 응용 프로세스 간 회화단위의 제어를 주로 수행하는 계층:

정 답 세션 계층

④ 전송data의 Syntax변환 문맥제어 등을 주로 수행하는 계층:

정 답 표현 계층

3. 어느 전화국의 최번 시 통화량을 측정하였더니 1시간동안에 3분짜리 전화로 100개가 소통되고 있다. 이 전화국의 최번시 통화량은 얼마인가?

풀 이 3분(180초) 1시간(3600초) 180*100 / 3600 = 5 Erl

정 답 5 Erl

4. IEEE 802.3 위원회에서 10Mbps 이더넷의 물리계층에서 매체종류별 특성을 정하였다. 10Base-T의 전송매체, 세그먼트 최대길이, 전송속도를 순서대로 적으시오.

정 답 트위스트 페어 케이블, 100m, 10Mbps

5. 통신프로토콜의 3가지 기본요소를 적으시오.

정 답 구문, 의미, 타이밍

6. 광섬유에 빛의 펄스를 입사시키면 출사 단에서 펄스의 시간 폭이 커지는 현상을 분산이라고 한다. 다음의 보기를 분산의 크기순으로 ( ) 안에 적으시오

정 답 (모드분산) 〉 (재료분산) 〉 (구조분산)

7. 전송에러 제어방식 중 송신측에서 에러제어를 위해 잉여비트를 전공하고자 하는 정보와 함께 전송하여 수신측에서 잉여비트의 규칙을 확인한 뒤 규칙에 위배된 경우 에러로 판단하여 재전송을

요구하는 방식은?

정 답 ARQ

8. IPv4와 IPv6에서의 IP주소는 각각 몇 비트인가?

정 답 IPv4: 32 bit
IPv6: 128 bit

9. 무선통신망에서 통화중인 이동국이 현재의 셀에서 다른셀로 진입하는 경우 새로 진입한 셀 내의 채널로 통화회선을 교환시켜, 셀이 바뀌어도 중단 없이 통화를 계속할 수 있도록 하는 기능은 무엇인가?

정 답 핸드오프

10. 통신망의 유형중 망형의 노드수가 20일 경우 필요로 하는 전송 회선 수는?

풀 이 n(n−1)/2 = 20(20−1)/2 = 190회선
정 답 190회선

실전문제 3

1. 코어 굴절율 N1, 클레드 굴절율을 N2 라고 할때 비 굴절율(△)의 관계식은?

정 답 비 굴절율(△)= $\dfrac{N_1^2-N_2^2}{2N_1^2}=\dfrac{N_1-N_2}{N_1}$

2. 시스템이 고장 난 시점부터 다음 고장 시점가지의 평균시간을 의미 하는 것은 무엇인가?

정 답 MTBF(Mean Time Between Failures)

3. 양자화 잡음을 줄이기 위한 방법 2가지를 적으시오.

정 답 ① 비선형 양자화를 한다.
② 양자화 수를 증가시킨다.
③ 압신기(compander)를 사용한다.

4. 10 BASE 5의 의미는 무엇인가?

정 답 ① 10: 전송속도 10[Mbps]
② BASE: 전송대역 Baseband 전송
③ 5: 세그먼트의 길이 즉, *100=500m

5. 핸드오버의 절체방식에 따른 분류 2가지를 적으시오.

정 답 ① Break and make 방식 ② make and Break 방식

6. Transport Layer의 TCP/IP의 대표적인 프로토콜 2가지를 적으시오

정 답 ① TCP(Transmission Control Protocol)
② UDP(User Datagram Protocol)

7. 위성통신에서 사용하는 다원접속방식 3가지를 적으시오.

정 답 FDMA, TDMA, CDMA

8. 저항(R), 인덕턴스(I), 정전용량(C), 컨덕턴스(G)일 경우 무왜곡 조건 관계식을 적으시오.

정 답 RC= LG

9. 1문자는 아스키코드(7bit), 스타트비트(1bit), 패리티비트(1bit), 정지비트(?bit)로 구성된다. 110의 속도로 전송할 때 정지비트는 몇 비트인가(단, 1초에 10캐릭터를 전송한다)

풀 이 전송문자수 = 전송속도 / 1문자 비트수
= 110 / X=10문자, 1문자=11비트

정 답 정지비트 2Bit

10. 샤논의 정리에서 대역폭(W), 신호의 세기(S), 잡음 세기(N)일 때 채널용량(C)를 구성하는 식은 무엇인가?

정답 $C = W log_2(1+\frac{S}{N})$

11. 40개의 국을 완전망형으로 연결시 필요한 링크의 수의 계산과정과 답을 쓰시오.

풀이 링크수$=\frac{N(N-1)}{2}$(N: 국의수)

정답 780개

실전문제 4

1. OSI 7계층에서 상위계층과 하위계층은 무엇인가?

정답 ① 상위계층

Application Layer(응용계층), Presentation Layer(표현계층), Session Layer Layer(세션층), Transport Layer(전송계층)

② 하위계층

NetworkLayer(네트워크계층),DataLinkLayer(데이타링크), Physical Layer(물리계층)

2. 전송선로의 임피던스가 600Ω이고 회로저주파전압이 7.75V일 때 전력은 몇[dB]인가?

풀이 $P = I^2R = \frac{V^2}{R} = 10\log\frac{7.75^2}{600} = 9.9954$[dB]

정답 10[dB]

3. ATM의 셀구조 설명하여라. ATM의 물리층 TC의 원어를 쓰시오.

정답 총 53byte의 셀로 5byte의 헤더와 48byte의 정보로 구성되어 있다.

TC(Transmission Convergence Sublayer)

4. 통신채널의 신호전력이 1000W 이고 S/N 이 30dB일때 잡음전력[W]은 얼마인가?

정 답 $SNR = \frac{Signal}{Noise} \Rightarrow 10\log_{10}\frac{Signal}{Noise}[dB] = 10\log_{10}\frac{1000}{Noise}[dB] = 30[dB]$

잡음전력 = 1[W]

5. 위성통신에서 다원접속방법 3가지는?

정 답 주파수 분할 다중화 방법(FDMA), 시분할 다중화 방법(TDMA), 코드분할 다중화 방법(CDMA)

6. IPV4주소와 IPV6주소는 각각 몇 비트인가?

정 답 IPV4: 32bit (8bit*4 = 10진수표현, 주소 약 43억 개)

IPV6: 128bit (16bit*8 = 16진수표현, 주소 약 5373*1028억 개)

7. ITU-T 권고에서 V시리즈와 X시리즈에 대하여 설명하여라.

정 답 ① V 시리즈 인터페이스(전화망 이용)

아날로그 데이터를 전송하기 위하여 개발된 기존 터미널의 인터페이스로서 모뎀 인터페이스라고 한다.

② X 시리즈 인터페이스(데이터 통신망)

디지털 데이터를 전송하기 위하여 개발된 터미널용의 인터페이스로서 상호 접속 회로의 수를 줄일 수 있으며 V시리즈에 비해 경제적인 인터페이스이다.

8. T1의 전송속도와 E1의 전송속도를 구하여라.

정 답 T1: (24ch*8bit*1bit) * 8khz = 1.544Mbps

E1: (32ch*8bit) * 8khz = 2.048Mbps

9. IEEE 802.3과 802.4는 각각 무슨 프로토콜 방식을 사용하는가?

정 답 802.3: CSMA / CD

802.4: Token Bus

10. 모뎀에서 4개의 위상 0, 30, 180, 360 으로 변조할 때 한 신호에 보낼 수 있는 비트수는?

정 답 $\log_2 4 = 2$[bit]

11. 전송매체로서 광섬유의 장점에 대하여 말하여라.

정 답 ①가요성 ②무유도성 ③광대역성 ④고속성 ⑤경제성 ⑥경량성 ⑦세경성

실전문제 5

1. 스펙트럼확산 방식 4가지를 쓰시오.

정 답 ① 직접 확산 SS-DS(spread spectrum-direct sequence)
② 주파수 도약 방식 SS-FH(spread spectrum-frequency hopping)
③ 시간 도약 방식(TH: time hopping)
④ 차프 변조(Chirp Modulation)

2. 문자, 바이트, 비트 방식에 대해서 서술하는 문제.

정 답 ① 문자 방식 프로토콜
한 바이트로 구성되는 문자들의 연속된 열로 프레임을 구성하는 방식
종류: BSC(Binary Synchronous Communication)
② 비트 방식 프로토콜
연속된 각 비트들의 열로 프레임을 구성하는 방식
종류: HDLC(High level Data Link Control)
③ 바이트 방식 프로토콜
헤더의 처음을 나타내는 특수 캐릭터, 메시지를 구성하는 문자 개수 등을 나타내는 제어정보와 블록체크를 포함시켜 전송하는 방식

3. HTTP, SMTP, SNMP에 대해서 약자 쓰는 문제

정 답 ① HTTP(Hypertext Transfer Protocol): 인터넷 상에서 하이퍼텍스트 전송 프로토콜
② SMTP(Simple Mail Transfer Protocol): 인터넷 상에서 E-mail 전송 프로토콜
③ SNMP(Simple Network Management Protocol): TCP/IP 네트워크 관리 프로토콜

4. 핸드오프, 로밍에 대해서 서술하는 문제

정 답 ① 핸드오프(hand off): 사용자가 현재 셀에서 다른 셀로 이동할 때 통화 채널을 자동적으로 전환해 주는 것
② 하드핸드오프(hard hand off): 새로운 채널을 열기 전에 기존의 채널을 먼저 끊는 방식으로 아날로그 AMPS방식에서 사용되고 있다.
③ 소프트핸드오프(soft hand off): 새로운 채널을 먼전 열고 기존의 채널을 끊는 방식으로 디지털인 CDMA방식에서 사용되고 있다.
④ 로밍(roaming): 서로 다른 통신 사업자의 서비스 지역 안에서도 통신이 가능하게 연결해 주는 서비스

5. 물리 계층 DTE/DCE 사이에 제공되는 인터페이스 특성 4가지를 쓰세요.

정 답 기계적 특성: 물리적 연결에 관련(컨넥터의 모양, 규격 핀의 수)
전기적 특성: 신호의 전압레벨, 전압의 변동의 타이밍
기능적 특성: DTE/DCE 를 연결하는 각 회선의 의미
절차적 특성: 각 신호 선을 이용, 데이터의 송/수신 제어 절차

6. ICMP(Internet Control Message Protocol) 오류보고메시지 2가지 쓰세요.

정 답 Destination Unreachable(목적지 도착 불가능)
Source Quench(발신지 억제)
Time out(시간 초과)
Parameter Problem(무효한 헤더영역이 있음)
Redirection(라우터에 경로 재지정)

7. 전송제어 메시지 ETX 가 무엇인가?

정 답 전송제어 문자의 하나로, 문서의 전송 종료를 나타내는 문자.

8. 광통신에서 많이 쓰는 수광 소자 2가지를 쓰시오 .

정 답 수광소자: 광전 변환 (광 신호 → 전기 신호)

① PD (Photo diode): 값이 저렴하고 소용량 및 저속의 간단한 시스템에 적합하며, S/N비가 낮고 출력 전력도 낮다. 증배 작용이 없다.

② APD (Avalanche Photo diode): 높은 바이어스 전압이 필요하지만 avalanche 증배에 의해 큰 출력을 얻을 수 있고, S/N비를 향상시킬 수 있어 장거리 및 대용량 고속 광전송에 적합하다.

※ 발광 소자: 전광 변환 (전기 신호 → 광신호), 발광 소자(광원)에는 발광 다이오드(LED)와 분사 레이저 다이오드(ILD)가 있다.

9. 양자화 잡음 개선책 3가지를 쓰시오.

정 답 ① 양자화 스텝수를 증가시킨다.

② 비선형 양자화를 한다.

③ 압신기(compander)를 사용한다.

10. CSMA와 CSMA/CD에 대해서 서술하시오.

정 답 CSMA는 전송을 원하는 지국의 회선 상태를 감지하여 회선이 사용되지 않고 있으면 송신을 게시한다. CSMA/CD는 CSMA방식에 CD방식이 추가된 것으로 2개의 지국에서 회선에 대해 미사용을 확인 후 송신을 하였을 때, 송신을 하면서 충돌을 감지하게 함으로서 충돌 시 채널의 낭비를 줄이는 방법이다.

11. 다음-홉 라우팅에 대해서 서술하시오.

정 답 수신측으로 향하기 위해 라우팅 테이블을 참고 하여 다음으로 이동해야할 라우터 주소로 라우팅 되는 것

12. 유비쿼터스와 RFID에 대해서 서술하시오.

정답 유비쿼터스: 언제 어디서나 시간과 장소에 구애 받지 않고 네트워크에 접속 할 수 있는 통신 환경으로서 인간의 커뮤니케이션의 집대성이다.
RFID(Radio Frequency Identification): IC 칩과 무선통신 기술을 이용해 식품 동물 사물 등 다양한 개체의 정보를 관리할 수 있는 무선식별 인식기술

실전문제 6

1. 무선홈 네트워크 기반4가지?

정답 HomeRF, Bluetooth(블루투스), Zigbee, WLAN, UWB(Ultra-Wide band)

2. 다음에 답하시오.

정답 ① 코어와 클래드의 차이점
코어가 클래드의 굴절률보다 더 크다.
② DWDM 과 WDM을 비교 설명하시오.(3가지)
(1) WDM(wavelength division multiplexing)은 광섬유가 사용할 수 있는 50Thz의 광 대역폭을 기존의 FDM과 같이 여러 개의 파장으로 분할하여 다수의 광 채널을 사용하는 방식임
(2) DWDM(Dense Wavelength Division Multiplexing)은 사용될 수 있는 파장수가 8개 이상일 때 DWDM이라한다. n개의 광신호가 서로 다른 파장으로 변조되어 하나의 광섬유를 통해 다중화 되어 전달되고 수신부에서는 파장별로 역 다중화한 후 표준 sonnet 파장으로 변환하여 dwdm장비에 몰려있는 장비인 sonnet 혹은 atm 스위치 혹은 ip라우터로 전달해준다
(3) ① WDM 보다 광파장을 세분화 시켜 사용한다.
② WDM 보다 고속으로 데이터 전송한다.
③ WDM 보다 하나의 광섬유에 수십 개의 광파장을 실어 전송한다.
④ WDM 보다 채널수가 많다(과거 8채널 파장이하를 WDM 8채널 파장이상을 DWDM으로 분류했다.)

3. 오실로 스코프의 위상차는?(A =22mm, B=12mm)

정답

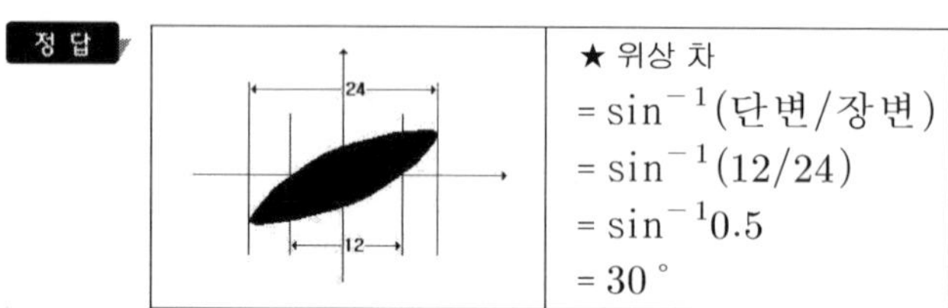

★ 위상 차

$= \sin^{-1}$(단변/장변)

$= \sin^{-1}(12/24)$

$= \sin^{-1}0.5$

$= 30°$

4. DAB(digital audio broadcasting)의 유럽에서 채택하는 Out of Band 방식은?

정답 유레카147

5. 한국식 계위에서 622.08Mbps는 몇 계위인가?

정답 STM-4 (2계위)

6. 비동기식 3000bps ASCII코드에서 패리티비트(1bit), 시작비트(1bit), 스톱비트(1bit)일 때 1분간 전송되는 문자의 수는?

정답 전송문자수 = 전송속도 / 1문자 비트수

= 3000 / 10 300자, 분당 1800자

7. 위성 통신 할당방식 3가지 ?

정답 사전할당, 임의 할당, 고정할당방식이 있다.

8. 1db는 몇 네퍼인가?
1pW 의 신호대 잡음은 몇 dbm인가?

정답 ① 0.115Neper

② 어떤 회로의 출력 전력이 10[W]로 측정 된 경우 [dBm]단위로 환산.

$$10\log\frac{1\text{pW}}{1\text{mW}} = 10\log 10^{-6} = -60[dBm]$$

9. Bcn 원어와 OFDM의 원어는?

정 답 BcN(Broadband convergece network): 광대역 통합망
OFDM(Orthogonal Frequency Division Multiplexing: 직교주파수분할다중화

10. RFID의 구성요소를 크게 3가지로 분류?

RFID(Radio Frequency Identification Systems): 무선주파수자동인식

정 답 ① chip(tag), ② reader, ③ 데이터처리장치(host computer)

11. T형 패드가 200, 200, 800오옴 일 때 특성임피던스?

정 답

200 200
800

$$Z_{oc} = 200 + 800 = 1000$$

$$Z_{sc} = 200 + \frac{800 \times 200}{800 + 200} = 360$$

$$Z_o = \sqrt{Z_{oc} \cdot Z_{sc}} = \sqrt{1000 \times 360} = 600[\Omega]$$

실전문제 7

1. CRC와 FEC에 대하여 설명하시오.

① CRC

정 답 송신측에서 데이터로부터 다항식에 의해 추출된 결과를 여분의 오류검사필드(FCS: Frame Check Sequence)에 덧붙여 보내면, 수신측에서는 동일한 방법으로 추출한 결과와의 일치성으로 오류검사를 하는 기술이다.

② FEC

정 답 송신측이 전송할 문자나 프레임에 부가적 정보를 첨가하여, 전송함으로써, 수신측이 에러를 발견 시 이 부가적 정보로 에러검출 및 에러정정을 하는 방식을 말한다.

2. 다음 HDLC에 대한 물음에 답하시오.

① 플래그 비트를 16진수로 표현하시오.

정답 7E

② 플래그 비트의 수를 적으시오.

정답 8Bit

③ 제어부 프레임의 3가지 종류를 적으시오.

정답 정보, 감시, 비번호제

3. IEEE 802.3, 4, 5, 6, 7, 11가 무엇인지 적으시오.

정답 CSMA/CD, Token BUS, Token Ring, DQDB, 광대역 LAN, 무선 LAN

4. 대역폭이 3000㎐이고 S/N비가 1023이다. 채널 용량을 구하시오.

정답 $C = 3000\log_2(1+1023)[bps] = 30000[bps]$

5. 다음 전송 제어 문자의 원어를 적으시오.

① DLE

정답 Data Link Escape(새로운 의미부여 및 전송제어기능을 추가)

② STX

정답 Start Of Text(해딩의 종료 및 텍스트 시작)

③ EXT

정답 End Of Text(텍스트의 종료)

④ ETB

정답 End Of Transmission Block(전송블록의 끝)

⑤ EOT

정답 End Of Transmission(전송의 종료)

6. RFID 시스템 구성을 크게 3가지로 적으시오.

정답 RFID 판독기, RFID 태그, 데이터처리장치

7. 반송파의 주파수가 200KHz, 신호파의 주파수가 4KHz 일 때, 다음 물음에 답하시오.

① 주파수의 성분을 적으시오.

정답 하측파: 196KHz, 반송파: 200KHz, 상측파: 204KHz

② 피 변조파의 대역폭을 구하시오.

 8KHz

③ 변조도를 구하시오.

정답 (3-1)/(3+1) * 100%=50%

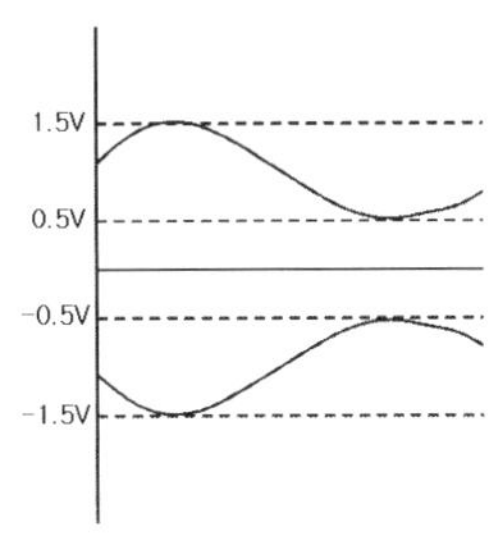

8. 이동통신 시스템의 다원접속방식 3가지를 적으시오.

정답 FDMA, TDMA, CDMA

9. 광섬유 케이블의 전파모드의 분류에 따른 2가지 종류를 적으시오.

정답 멀티모드 광섬유, 단일모드 광섬유

10. 팩시밀리 데이터 압축을 위한 대표적 부호방식 3가지를 적으시오.

정답 MH, MR, MMR

11. 노드가 128개이다. 회선 수를 구하시오.

풀이 128(128-1)/2 = 16256/2 = 8128

정답 8128 회선

실전문제 8

1. 위성통신에서 사용하는 다원접속 4가지를 서술하시오.

정 답 주파수분할에 따른 다원접속(CDMA)
주파수분할에 의한 다원접속(FDMA)
시분할에 의한 다원접속(TDMA)
공간분할에 의한 다원접속(SDMA)

2. 인터넷 보안요소에서 보안상의 위협 및 공격으로부터 시스템을 보호하기위해 ISO 7498-2에서 인증, 접근제어, 비밀보장, (   ) 및 부인봉쇄 기능을 제시하고 있다. 위 빈칸에 알맞은 내용을 쓰시오.

정 답 Integrity(데이터의 무결성): 위변조를 할 수 없도록 무결성 유지

3. 통신채널에서 신호전력 100W, S/N비 30dB일 때 잡음전력을 구하시오.

풀 이 $S/N_q[dB] = 10\log\frac{100}{x} = 30[dB]$

정 답 0.1[W]

4. EMI에 대해서 설명하시오.

정 답 EMI(전자파 장해)는 전자기기에서 발생하는 Noise(잡음: 불요발사 전자파, 전파 잡음, 방해파 등)가 영상에 방해를 미치거나, 컴퓨터 및 응용기기의 오동작을 일으키는 등 다른 전자기기 기능에 영향을 미치는 현상을 말한다.

5. MAN으로 표준화된 IEEE 802.6의 분산형 예약방식 프로토콜은?

정 답 DQDB(Distributed Queue Dual Bus): 고속방송망이며, 도시와 같은 공중영역(MAN) 또는 한 기관에서 LAN을 상호 연결하기 위하여 개발된 것으로 1990년 IEEE 802.6으로 표준화되었다.

6. PCM-24 방식에 있어서 다음 물음에 답하시오.

① 1frame은 몇 초인가?(단, 구체적인 계산으로 표시 요망)

정 답 $\frac{1}{8000Hz} = 125\mu s$

② 1 통화로에 할당되는 시간은?

정 답 $\frac{125\mu s}{24} = 5.2\mu s$

③ 1bit time slot 점유 시간은?

정 답 $\frac{125\mu s}{193bit} = 0.648\mu s$

④ 1 프레임에 수용되는 비트 수?

정 답 193bit(8bit×24CH+1bit)

⑤ 부호 펄스의 클록 주파수는?

정 답 $\frac{193bit}{125\mu s} = 1.544Mbps$

7. HDLC 프로토콜 프레임 구조를 도시하시오.

Flag(시작)	Address	Control	Information	FCS	Flag(종료)
8bit(01111110)	8bit	8bit	가변	16bit	8bit(01111110)

8. 확산 스펙트럼의 종류 4가지를 서술하시오.

정 답 ① 직접시퀀스 (Direct Sequence, DSSS): 고정된 주파수 대역을 사용하여 전송, 높은 속도 가능
② 주파수도약(Frequency Hopping, FHSS): 여러 주파수 대역 사이를 호핑하며 전송, 다소 저속이나 구형비용이 낮음
③ 시간 도약(TH: time hopping) 기법
④ 칩 대역 확산 기법(CM: chirp Modulation)

9. 문자지향형 동기방식에서 전송제어문자에 대한 설명이다. 위 보기에서 골라서 쓰시오.

[보기] SYN, SOH, STX, ETX, ETB, EOT, ENQ, DLE, ACK, NAK

가. 보조전송제어기능

정답 DLE

나. 무오류 수신 응답

정답 ACK

다. 응답요구

정답 SNQ

라. 송·수신 동기 확립

정답 SYN

마. 헤더의 시작부분

정답 SOH

10. ISO 7계층에서 OSI 계층 중 1개씩만 골라서 쓰시오.

가. Layer 3계층을 원어로 쓰시오.

정답 Network Layer 네트워크 계층

나. 중계와 경로설정을 수행하는 계층

정답 Network Layer

다. 응용프로세스 간 회화단위 제어계층

정답 Session Layer 세션계층

라. 전송 Data의 Syntax 변환 문맥제어

정답 Presentation Layer 표현계층

실전문제 9

1. TCP/IP 프로토콜을 이용하는 인터넷에서 망 관리를 위한 프로토콜을 적으시오.

정답 SNMP: Simple Network Management Protocol(단순망 관리 프로토콜)

2. IP주소 23.56.7.91의 클래스와 네트워크 주소를 적으시오.

정답 A Class, 23.0.0.0

3. FDM 방식과 TDM 방식에 대하여 설명하시오.

정 답 FDM: 전송로의 사용가능한 주파수 대역을 몇 개의 작은 대역폭으로 분할하여 여러 개의 채널을 동시에 이용하는 방식
TDM: 전송로의 데이터 전송시간을 일정한 시간 폭으로 작은 분할하여 여러 개의 채널을 동시에 이용하는 방식

4. LAN 표준화 방식 중 IEEE 802 시리즈에서 OSI 데이터링크 계층의 프로토콜 2가지를 적으시오.

정 답 HDLC, BSC, PPP, FDDI, ATM, Frame Relay 등

5. 15개의 노드를 망형으로 연결할 경우 회선수를 구하시오.

풀 이 n(n−1)/2 = 15×14/2 = 105

정 답 105개

6. $f(x)=\cos 50\pi t+50\cos 100\pi t$에서 원 신호를 재생하기 위한 최소 표본화 주파수에 해당되는 표본화 신호의 주기(T_s)는?

풀 이 $f_m=50[\mathrm{Hz}]$에서 $2f_m=100[\mathrm{Hz}]$, $\therefore T_s=\dfrac{1}{2f_m}=\dfrac{1}{100}=0.01[S]$

정 답 10ms

7. 정보통신 네트워크의 위상(Topology)에 따른 분류 5가지를 적으시오.

정 답 트리형(tree topology), 링형(ring topology), 스타형(star topology), 망형(mech topology), 버스형(bus topology)

8. 110001의 복류 NRZ 파형을 그리시오.

+ / 0 / −	1	1	0	0	0	1

9. 8-PSK 방식을 사용하는 경우 변조 속도가 2400baud일 때 전송속도는?

풀 이 bps = baud × Bit 수 = 2400 × 3 = 7200

정 답 7200bps

10. 다음 물음에 대해 답하시오.

1) 802.6에서 MAN 구축기술로서 표준화된 프로토콜은 무엇인가?

정 답 DQDB

2) 상기의 프로토콜은 OSI 참조 모델의 어느 계층에 속하는가?

정 답 물리계층(physical layer) 및 데이터링크 계층(data link layer)

실전문제 10

1. 정보통신의 에러제어방식에서 사용되는 자동반복요청(ARQ)의 종류를 3가지 쓰시오.

정 답 Stop and Wait ARQ, Continuous ARQ, Adaptive ARQ

2. 무선인터넷 서비스를 위한 대표적인 2가지 방식으로 어떤 계열들이 있는지 쓰시오.

정 답 Wi-Fi, Wibro, WCDMA

3. 다음 그림은 전송설비에 주로 사용되는 T형 패드(PAD)이다. 전송선로의 특성 임피던스가 600옴일 때, 정합이 이루어지기 위한 저항 R의 값을 구하시오.

300Ω 300Ω

600Ω → R ← 600Ω

600= $\sqrt{Z_a \cdot Z_b}$ 이고 $Z_a = 300 + \dfrac{300R}{300+R}$,

$Z_b = 300 + R$이므로 이를 풀면 R=450

정 답 450[Ω]

4. 그림과 같은 파형이 오실로스코프에 나타났을 때, 신호의 위상 차이를 구하시오.(b=24cm, a=12cm)

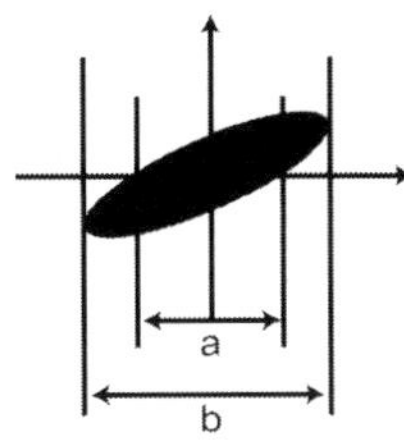

풀 이 위상차(θ)$=\sin^{-1}\frac{a}{b}=\sin^{-1}\frac{12}{24}=30$

정 답 θ=30°

5. 샘플링 이론에 의거 신호를 충실히 복원하기 위해서는 원신호 S(t)의 최고주파수 성분이 f_m, 최저 주파수 성분이 f_l 이라고 할 경우, 샘플링주파수(표본화 주파수) f_s는 얼마로 선택해야 하는지 쓰시오.

정 답 $f_s \geq 2f_m$

6. 패킷 교환방식에서 패킷스트림을 전송하는 2가지 방식을 적으시오.

정 답 가상회선, 데이터그램

7. 아래 그림과 같이 서로 다른 방향으로 신호를 전송하는 두 개의 회선 사이에서 유도 회선의 송신단 측 신호가 피유도회선의 수신단 측에 유도되는 누화를 무엇이라고 하는지 쓰시오.

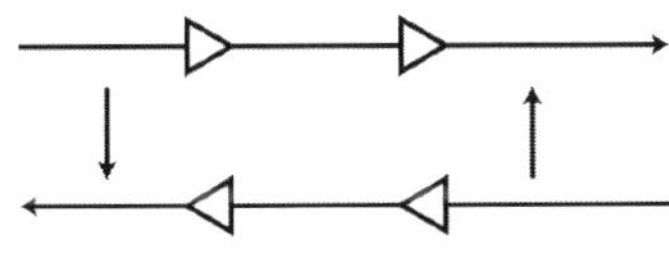

정 답 원단 누화

8. DM(Delta Modulation)에 대하여 계단 크기(step size)를 가변으로 하여 신호에 적응 시켜 경사과부하 왜곡을 경감시키는 변조방식을 무엇인지 쓰시오.

정 답 ADM

9. 가입자망 구축 관리 xDSL(x Digital Subscriber Line)의 전송기술 5가지를 적으시오.

정 답 HDSL, SDSL, SHDSL, ADSL, VDSL, UADSL

10. ATM 트래픽에서 서비스 품질 Qos(Quality of Service)을 나타내는 파라미터 3가지만 적으시오.

정 답 셀 손실율, 최대 셀 전송 지연, 셀 지연 변이

11. 정보통신 시스템에서 사용되는 PLL(Phase Lock Loop)회로의 기본구성 3가지를 적으시오.

정 답 위상검출기(Phase Detector), 저역통과필터(Low Pass Filter), 전압제어발진기(VCO)

12. 무선 LAN은 IEEE 802 위원회에서 표준화되어 있다. IEEE 802.11 규격에 대해 다음 빈 칸 (가), (나), (다)를 알맞게 채우시오.

정 답

규격명	최대 전송속도	무선 주파수
802.11a	54[Mbps]	(다) – 5[GHz]
802.11b	(나) – 11[Mbps]	2.4[GHz]
(가) – 802.11g	54[Mbps]	2.4[GHz]

실전문제 11

1. LAN에서 전송방식(전송매체 이용 주파수 대역에 따라)을 2가지로 분류하시오.

정 답 협대역(Baseband) LAN, 광대역(Broadband) LAN

2. G3, G4 팩시밀리의 압축 부호화 방식 3가지를 쓰시오.

정 답 MH, MR, MMR

3. 디지털 전송부호화 방식에서 양극성이며 1에 대하여 교대로 극성을 반전시키는 방법, 수신측에서 극성이 반전되어 나타나지 않고 동일 극성이 계속되면 에러가 발생한 것을 알 수 있는 코드의 명칭은?

정 답 AMI(Bipolar)

4. 광섬유에 빛의 펄스를 입사시키면 출사단에서 펄스의 시간폭이 커지는 현상을 분산이라고 한다. 다음 보기를 분산의 크기 순위로 (　　)안에 적으시오.

[보기] 재료분산, 모드분산, 구조분산

정 답 (모드분산) 〉 (재료분산) 〉 (구조분산)

5. 스펙트럼 확산 통신 방식 4가지를 쓰시오.

정 답 직접 확산방식, 주파수 도약방식, 시간 도약방식, 첩 대역 확산방식

6. DMB 가운데 유럽에서 채택하고 있는 OUT-OF-BAND 방식에 속하는 것은?

정 답 DAB(Digital Audio Broadcasting, 디지털 오디오 방송)

7. B-ISDN 프로토콜의 참조모델의 3가지 평면은?

정 답 사용자(User)평면, 제어(Control)평면, 관리(Management)평면

8. 변조속도 2400[baud] 256QAM 모뎀의 데이터 신호속도[bps]를 구하시오.(5점)

풀 이 $bps = baud \times \log_2 M,\ \ 2400 \times \log_2 256 = 19200$

정 답 19200bps

9. 패킷교환망에서 사용되는 PAD에 대해 설명하시오.

정 답 PAD(Packet Assembler/Dis assembler, 패킷 조립 분해 장치)는 패킷 교환기로부터 수신된 패킷을 비동기 단말기로 보내기 위하여 패킷을 문자로 분해하거나 반대로 조립하는 기능을 한다.

10. IEEE 802.11a에서 다음과 같이 5[GHz] 대역에서 사용되는 변조방식은?

풀 이 "이 변조 방식은 부반송파를 이용한 멀티캐리어 변조 방식으로 서로 직교하는 복수의 부 반송파를 이용하여 각각의 데이터를 분할하여 전송함으로써 FDM과 비교하면 주파수 대역폭을 절약할 수 있는 장점이 있다."

정 답 OFDM(Orthogonal Frequency Division Multiplexing, 직교 주파수 분할 다중화)

11. IEEE 802 시리즈에서 OSI 데이터 링크 계층을 2개의 부계층으로 구분하고 있다. 이들을 각각 적고 그의 역할을 설명하시오.

정 답 논리 링크 제어(LLC: Logical Link Control) 부계층: 데이터 교환 절차에 대한 표준
매체 접근 제어(MAC: Media Access Control) 부계층: 동일한 매체를 여러 단말이 공유할 때 단말 간 충돌·경합 방생을 제어한다.

12. HDLC 프로토콜의 프레임 구조에서 Flag 필드의 기능에 대하여 설명하시오.

정 답 "01111110" 형태로 Frame의 시작과 끝을 알려주는 동기(프레임 구분) 기능이다.

실전문제 12

1. 도시와 같은 공중영역(MAN) 또는 한 기관에서 LAN를 상호 연결하기 위하여 개발된 것으로 IEEE 802.6으로 표준화된 것은 무엇인가? (원어로 답하시오.)

정 답 Distributed Queue Dual Bus

2. 회선 제어 절차 5단계를 순서에 맞추어 기술하시오.

정 답 ① 회선 접속→② 데이터링크 확립→③ 정보 전송→④ 데이터링크 해제→⑤회선 절단

3. 위성 DMB의 수신 상태를 좋게 해주는 시스템을 무엇이라 하는가?

정 답 GAP filler(서비스가 불가능한 지역에 신호를 재전송해 수신 상태를 개선하는 시스템)

4. HDLC 프레임의 구조를 그리고 Flag 비트를 2진수로 표현하시오.

정 답

01111110	주소부	제어부	정보부	FCS	01111110
플래그(8bit)	(8bit)	(8bit)	(임의의 bit)	(16bit)	플래그(8bit)

5. T1방식과 E1방식의 속도는 각각 얼마인가?

정 답 T1 – 1.544Mbps, E1 – 2.048Mbps

6. HDLC 프로토콜의 비번호제 프레임의 기능과 역할을 기술하시오.

정 답 제어부가 "11"로 시작하는 프레임으로써 정보전송전에 송수신간 데이터링크 확립 및 해제, 상대국의 동작 모드 설정과 응답을 한다.

7. FTTx의 종류 3가지를 쓰고 간단히 설명하시오.

정 답
- FTTH(Fiber To The Home) – 초고속정보통신망 구축을 위하여, 전화국에서 가입자 댁내까지 가입자 선로 전부를 광케이블 화하는 방식
- FTTO(Fiber To The Office) – 상업지역의 큰 건물들을 연결하는 가입자선로를 광섬유 화하는 방식
- FTTC(Fiber To The Curb) – FTTH의 포설비용 등의 과다한 부담을 덜기위하여 가입자 댁내 근처까지는 광케이블을 사용하고, 가입자 대내까지는 기존 사용되고 있는 통신을 그대로 활용하는 방식

8. 대역폭이 4[KHz]인 채널이 10회선이고 보호대역이 500[Hz]일 경우 최대 대역폭은 얼마인가?

풀 이 [4[KHz]×10+500[Hz]×9=44.5[KHz]]

정 답 44.5[KHz]

9. IEEE 802.11에서 최신 버전으로 MIMO[Multiple-Input Multiple-Output]를 이용하는 방식은 무엇인가?

정 답 IEEE 802.11n
MIMO[Multiple-Input Multiple-Output]: 여러 개의 안테나로 데이터를 동시 송수신하여 전송 효율 향상시키는 기술

실전문제 14

1. 다음 HDLC에 대한 물음에 답하시오.

① 플래그 비트를 16진수로 표현하시오.

정 답 7E

② 플래그 비트의 수를 적으시오.

정 답 8[Bit]

③ 제어부 프레임의 3가지 종류를 적으시오.

정 답 정보프레임, 감시 프레임, 비번호 프레임

2. IP 주소 23.56.7.91이 주어졌을 때 다음 물음에 답하시오.

① 클래스

정 답 A Class

② 네트워크 주소:

정 답 23.0.0.0

3. 광섬유 케이블의 전파모드의 분류에 따른 2가지 종류를 적으시오.

정 답 단일모드(Single Mode) 광섬유
다중모드(Multi Mode) 광섬유

4. 8위상 변조를 하여 전송하는 속도가 2,400[baud]일 때 데이터 신호 속도는 몇 [bps]인지 구하고, 또한 비트율(bps)과 보오(baud) 관계를 설명하시오.

정 답 신호속도: $bps = baud \times \log_2 M = 2400 \times \log_2 8 = 2400 \times 3 = 7200\,[bps]$

bps와 baud의 관계: 신호속도[bps]는 매 초당 전달되는 bit의 수이고, 보오(baud)는 매초 당 전송할 수 있는 부호 단위 수(초당 신호 Pulse의 수)를 의미한다.

5. 전송선로 2차정수중 특성임피던스(Z_0)를 R, L, C, G가 포함된 식으로 표현하시오.

정 답 $Z_0 = \sqrt{\dfrac{R + jwL}{G + jwC}}$

6. 통신채널의 신호전력이 100W이고 S/N이 30dB일 때 잡음전력[W]은 얼마인가?

정 답 $SNR(\text{dB}) = 10\log_{10}\dfrac{S}{N}$에서 $30\,[\text{dB}] = 10\log_{10}\dfrac{100}{N}$이므로 잡음전력 $= 0.1\,[W]$이다.

7. 아날로그 신호를 디지털화하기 위해서 양자화 과정을 거친다. 양자화 잡음을 줄이기 위한 대표적인 방법 3가지만 적으시오.

정 답 양자화 스텝수를 증가 시킨다.

비선형 양자화를 수행한다.

압신 기를 사용한다.

8. 종합 잡음 지수를 F로 할 때, 이득 G1, G2와 F1, F2, F3을 사용해서 종합잡음지수를 F를 나타내시오.

정 답 종합잡음지수(F): $F = F_1 + \dfrac{F_2 - 1}{G_1} + \dfrac{F_3 - 1}{G_1 \cdot G_2}$

9. 위성통신 시스템의 다원접속방식 4가지를 서술하시오.

정 답 FDMA(주파수 분할 다원 접속방식, Frequency Division Multiple Access)

TDMA(시분할 다원 접속방식, Time Division Multiple Access)

CDMA(코드 분할 다원 접속방식, Code Division Multiple Access)

SDMA(공간 분할 다원 접속방식, Space Division Multiple Access)

10. 팩시밀리 데이터 압축을 위한 대표적인 부호방식 3가지를 적으시오.

정 답 MH, MR, MMR

11. IP 주소는 알지만 MAC 주소를 모를 때, 이를 알기위해 사용되는 프로토콜을 적으시오.

정 답 ARP(Address Resolution Protocol): 주소 결정 프로토콜은 네트워크상에서 IP 주소를 물리적 네트워크 주소로 대응시키기 위해 사용되는 프로토콜이다.

12. IPTV에서 host가 특정 그룹에 가입하거나 탈퇴하는데 사용하는 프로토콜을 적으시오.

정 답 IGMP [Internet group management protocol] :

IP 멀티캐스트를 실현하기 위한 통신 규약. RFC 1112에 규정되어 있으며 구내 정보 통신망(LAN)상에서 라우터가 멀티캐스트 통신 기능을 구비한 개인용 컴퓨터(PC)에 대해 멀티캐스트 패킷을 분배하는 경우에 사용된다. 즉, PC가 멀티캐스트로 통신할 수 있다는 것을 라우터에 통지하는 규약이다. 한편, 멀티캐스트 패킷을 수신한 라우터는 IGMP로 수신을 선언한 PC가 있는 경우에만 패킷을 PC가 접속하는 LAN 세그먼트에 송출한다.

13. IPv6 주소 종류 3가지를 쓰시오.

정 답 ① 유니캐스트 주소

단일 인터페이스를 식별하기 위한 주소

② 멀티캐스트주소

인터페이스 그룹을 실별 하는 주소

③ 애니캐스트 주소

다수의 인터페이스를 지정한다는 점에서 멀티캐스트 주소와 비슷하지만 해당 그룹에 속하는 모든 인터페이스로 패킷이 전달되지 않고 가장 가까운 거리에 있는 인터페이스에게만 패킷이 전달된다.

실전문제 14

1. 다음 -홉 라이팅에 대해 설명하시오.

정 답 데이터 통신망에서 각 패킷이 매 노드(또는 라우터)를 건너가는 양상을 비유적으로 표현하며 각 노드(라우터)는 수신된 패킷의 헤더 부분에 있는 주소를 검사하여 다음의 최적 경로를 찾아내어 패킷을 다음 hop으로 건너가게 한다.

2. 다음 용어의 원어를 적으시오.

① BCN(Broadband Convergence Network, 광대역 통합망, 차세대 통합망)

정 답 차세대 통신망은 서로 다른 망(PSTN, ATM, IP, F/R, 전용망, 이동통신망 등)을 하나의 공통된 망으로 구조를 단순화하여 망구축비용, 운용비용 절감 및 유연한 네트워크 솔루션을 제공하기 위한 음성, 영상, 데이터 통합의 품질보장형 광대역 멀티서비스 망에 대한 개념을 말한다.

② OFDM(Orthogonal Frequency Division Multlplexing, 직교 주파수 분할 다중화)

정 답 고속의 송신 신호를 다수의 직교(Orthogonal)하는 협대역 부 반송파(Sub-carrier)로 다중화 시키는 변조 방식을 말한다.

3. 이동통신 시스템의 다원접속방식 3가지를 적으시오.

정 답 ① FDMA(주파수 분할 다원 접속 방식)
② TDMA(시분할 다원 접속 방식)
③ CDMA(코드 분할 다원 접속 방식

4. 110001의 복류 NRZ 파형을 그리시오.

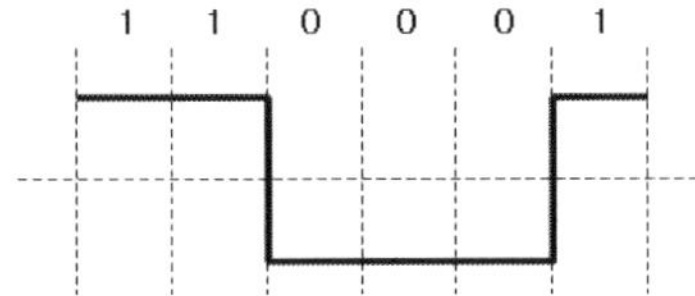

5. 위성 C-Band의 대역폭, 다운 링크 주파수, 업 링크 주파수를 쓰시오.

정 답 ① 대역폭: 4 - 8GHz
② 다운링크 주파수: 4GHz
③ 업 링크 주파수: 6GHz

6. 다음의 전송 제어 문자를 원어로 쓰시오.

① ENQ: ENQuiry

정 답 상대국 데이터 링크 설정/응답요구

② DLE: Data Link Escape

정 답 새로운 의미부여 및 전송제어 기능을 추가

③ SYN: Synchronous Idle

정 답 동기문자유지

④ ACK: ACKnowledge

정 답 수신메시지에 대한 긍정응답

⑤ NAK: Negative Acknowledge

정 답 수신메시지에 대한 부정응답

7. 전송에러 제어방식 중 송신측에서 에러제어를 위해 잉여비트들을 전송하고자 하는 정보와 함께 전송하여 수신측에서 잉여비트의 규칙을 확인한 뒤 규칙에 위배된 경우 에러로 판단하여 재전송을 요구하는 방식.

정 답 ARQ

8. 광섬유 케이블에서 코어의 굴절율이 N_1, 클래드의 굴절율이 N_2일 때, 비굴절율 차를 관계식으로 표시하시오.

정 답 비굴절률(△) $= \dfrac{N_1^2 - N_2^2}{2N_1^2} = \dfrac{N_1 - N_2}{N_1}$

9. 데이터 전송 회선의 Baud Rate가 2400[baud]이고 8PSK 변조를 한다면 비트속도는 어떻게 되는가?

풀 이 $bps = baud \times \log_2 M = 2400 \times \log_2 8 = 2400 \times 3 = 7200[bps]$

정 답 7200[bps]

10. 광섬유의 종류는 전송 모드에 따라 단일 모드 광섬유, (①) 모드 광섬유로 분류하고 굴절율에 따라 계단형 광섬유, (②) 광섬유로 구분한다.

정 답 ① 다중 ② 언덕형

11. 동축케이블 75Ω 일 때, 75Ω이 의미하는 것은 무엇인가?

정 답 절연체로 공기 원반을 사용하는 경우 특성 임피던스가 75Ω으로 나타난다.

12. 통신망의 유형 중 망형의 노드수가 70일 경우 필요로 하는 전송회선수를 구하시오.

풀 이 계산식: $\frac{n(n-1)}{2} = \frac{70(70-1)}{2} = 2415$

정 답 2415회선

13. 0.5[dB/km]의 손실을 갖는 케이블 입력에 12[mW]를 가하고 20[km] 종단에서 출력 전력을 구하시오.

정 답 전체손실: $0.5 \times 20 = -10[dB]$

$10\log\frac{P_2}{P_1} = -10[dB]$ (P_1은 입력전력, P_2는 출력전력), $\frac{P_2}{P_1} = \frac{x}{12mW} = 10^{-1}$

$\therefore P_2 = 1.2mW$

실전문제 15

1. 무선랜을 구성하기 위한 장비 중 핵심장비로 기존 유선네트워크의 허브나 스위치와 유사한 기능을 하며 네트워크 종단에 위치하여 유선 네트워크와 무선 네트워크를 연결하는 다른 역할을 하는 장비는 무엇인가?

정 답 AP(Access Point): 접근점. 무선 LAN에서 지구국 역할을 하는 소출력 무선기기를 말함. 유선과 무선을 잇는 브릿지 역할을 하게 되며 유선망을 무선망으로 확장시켜주는 역할을 함.

2. 시그널 다중장비 TDM의 두 가지 유형인 동기 시분할 방식과 통계 시분할 방식을 상호 비교한 것이다. 다음 빈칸 A~E를 채우시오.

구분	동기식 시분할	통계적 시분할
Time Slot 할당	(A)	(B)
장점	(C)	(D)
단점	대역폭의 낭비가 심하다.	(E)

정 답 A: 전송할 데이터의 유무에 관계없이 모든 단말에 규칙적으로 할당한다.
B: 전송할 데이터를 갖고 있는 단말에게만 타임 슬롯을 할당한다.
C: 버퍼가 필요없어 비용이 저렴하다.
D: 대역폭의 이용 효율을 높인 다중화 방식으로 부채널의 속도의 합은 링크채널의 속도보다 크거나 같다.
E: 단순한 동기식 다중화기보다 복잡하고 비용이 많이 들며 트래픽이 자주 발생하므로 입력되는 정보를 임시 보관하기 위한 데이터 버퍼가 필요하다.

3. 전송제어를 위한 HDLC 방식에서 전송 프레임 구조를 그림으로 표시하라.

Flag	주소부	제어부	정보부	FCS	Flag
01111110	8bit	8bit	nbit	16bit	01111110

4. FDM에 대한 PCM 방식의 장점 4가지 단점 2가지를 서술하시오.

정 답 〈장점〉
① 잡음과 왜곡에 강하다.

② 누화나 혼선에 강하다.
③ 저질 전송로에서도 신호전송이 가능하다.
④ FDM 등의 장비보다 크기, 무게, 견고성에서 우수하므로 정비주기가 길다.
⑤ 보안성을 확보할 수 있다. (디지털 스크램블러 방식을 이용하여 안정적이다.)

〈단점〉

① 엘리어싱, 절단오차, 반올림오차 등 표본화 잡음이 발생한다.
② 채널당 소요되는 대역폭이 증가된다. (채널당 점유주파수 대역폭이 넓다.)
③ PCM 고유의 잡음인 양자화 잡음이 발생한다.
④ 동기가 유지되어야 한다.
⑤ 지리적으로 분산된 신호의 다중화가 어렵다.

5. **샤논의 공식에 의한 디지털 전송에서 채널의 대역폭이 BW, 신호세기가 S, 잡음세기가 N인 경우 채널용량 C는 얼마인가?**

정 답 $C = BW\log_2(1+S/N)[bps]$

6. **버스(Bus)형, 성(Star)형, 링(Ring)형의 장점 2가지와 단점 1가지를 서술하시오.**

① 버스형

정 답 〈장점〉

ⓐ 소규모에서 대규모까지의 시스템을 비교적 경제적으로 구성할 수 있다.(통신망 구축비용이 저렴하다.)
ⓑ 각 노드의 고장이 다른 부분에 전혀 영향을 미치지 않는다.(단말기 고장시 전체 통신망에 영향을 주지 않아 신뢰성이 높다.)

〈단점〉

ⓐ 데이터의 비밀보장이 곤란하다.
ⓑ 통신회선에 장애발생시 전체통신망에 영향을 준다.
ⓒ 거리가 멀어지면 중계기가 필요하다.

② 성형

정 답 〈장점〉

ⓐ 중앙의 노드가 망을 총괄하고 있어 통제하기가 쉽다.
ⓑ 단말고장시 발견이 쉽고 유지보수가 용이하다.
ⓒ 단말의 추가 및 제거가 용이하다.

〈단점〉

ⓐ 중앙 노드 장애 시에는 전체 망이 마비된다.

ⓑ 우회 경로가 없어서 신뢰성이 떨어진다.

ⓒ 단말기 증가에 따라 통신회선이 많이 필요하다.

③ 링형

정 답 〈장점〉

ⓐ 통신회선과 단말기 고장 시 발견이 용이하다.

ⓑ 장애 발생 시 신속한 복구가 가능하다.

ⓒ 회선구성이 간편하다.

〈단점〉

ⓐ 새로운 단말의 추가 또는 기존 단말의 삭제 시 통신회선을 절단해야 함으로 불편하다.

ⓑ 링에 문제가 발생하면 전체 네트워크에 영향을 미친다.

7. 비동기 전송모드인 ATM 셀의 헤더와 정보필드의 Byte 수를 표시하라.

정 답 ① 헤더: 5Byte

② 정보: 48Byte

8. IPv4와 IPv6의 비트수를 표시하시오.

정 답 IPv4의 주소는 (32) 비트이고, IPv6의 주소는 (128) 비트로 구성된다.

9. VAN의 개념을 간략히 서술하시오.

정 답 부가가치통신망으로 통신회선을 직접보유하거나 전기통신사업자로부터 임차한 후 통신회선에 불특정 다수의 컴퓨터나 터미널을 연결시켜 정보를 전달하고 필요에 따라서 정보의 변화, 축적, 처리를 하는 등의 기능을 가진 네트워크를 뜻한다.

10. 정보통신에서 단위 부호가 Quard bit이고 변조속도는 2400[Baud]인 경우 전송속도는 얼마인가?

정 답 4bit × 2400[Baud] = 9600[bps]

11. HTTP를 원어(Full Name)로 적으시오.

정 답 HTTP: Hypertext Transfer Protocol

실전문제 16

1. 대역폭 12[KHz], 두 반송파 사이 간격이 2[KHz], FSK 신호를 보냈을 때 최대 비트율은 얼마인가?

정 답 12,000 /2 = 6,000[Hz], 6,000 − 2,000 = 4,000

2. 수신 장치 데이터 처리능력에서 데이터양을 초과하지 않게 조절하는 흐름제어 방식 2가지는 무엇인가?

정 답 Sliding Window 방식, Stop and Wait 방식

3. 토폴로지 5가지를 적으시오.

정 답 ① 링형(Ring) ② 성형(Star) ③ 버스형(Bus) ④ 망형(Mesh) ⑤ 트리형(Tree)

4. BCN, OFDM의 원어를 작성하시오.

정 답 ① BCN: Broadband Convergence Network
② OFDM: Orthogonal Frequency Division Multiplexing

5. DM(Delta Modulation)에 대하여 계단 크기(Step size)를 기반으로 하여 신호에 적응시켜 경사과부하 왜곡을 경감시키는 변조방식을 무엇이라고 하는지 작성하시오.

정 답 ADM(Adaptive Delta Modulation): 적응델타변조방식

6. 다음 근거리 네트워크의 전송속도는 얼마인가?

정 답 ① 100 Base −T: 100[Mbps]
② 1000 Base −T: 1000[Mbps]

7. 기저대역전송, 광대역전송의 용어를 설명하시오.

정 답 ① 기저대역전송: Digital화된 정보나 Data를 그대로 보내거나, 전송로 특성에 알맞은 전송부호로

변환시켜 전송하는 방식.

② 광대역전송: 동축케이블이나 광섬유 등 광대역의 주파수 대역을 갖는 매체를 주파수 분할 방식으로 대중화하여 매체에 연결되어 있는 복수의 단말 또는 데이터 국(노드) 간에 음성, 데이터, 영상 등을 동시에 전송할 수 있게 하는 전송 방식.

8. PCM 회선에서 200,000[bit]를 전송하였는데 10[bit] 오류가 났다. 회선 비트 에러율(BER)은 얼마인가?

정 답 $BER = \frac{\text{오류비트수}}{\text{총 전송비트수}} = \frac{10}{200{,}000} = 0.00005$

9. 다음 HDLC 프로토콜 프레임구조 각각에 대한 간략설명 및 에러검출방식을 작성하시오.

Flag	주소부	제어부	정보부	FCS	Flag
①	②	③	-	④	①

1) ①, ②, ③, ④에 대하여 설명하시오.

정 답 ① Flag: 프레임의 시작과 끝을 알려주는 동기 기능. (01111110)

② 주소부: 명령의 경우 수신 측 주소, 응답의 경우 송신 측 주소 기록에 사용.

③ 제어부: 정보형식 프레임, 감시형식 프레임, 비 일련번호 형식 프레임으로 나뉜다.

④ 전송에러 검출을 위한 잉여비트로 CRC 기능을 통해 검출한다.

2) 에러검출방식에 대하여 설명하시오.

정 답 CRC방식

10. ARQ 방식 3가지를 작성하시오.

정 답 ① 정지 & 대기 ARQ(Stop and Wait ARQ)

② Go Back N ARQ

③ 선택적 ARQ(Selective ARQ)

④ 적응적 ARQ(Adaptive ARQ)

11. (　　　　)방식은 이더넷 표준의 기초로 여러 대의 호스트가 같은 전송매체에서 통신할 수 있도록 규칙을 제공하며, 다른 방식으로써 버스형 근거리 통신망에서 가장 일반적으로 이용되는 토큰 버스 방식 등이 있다.

정 답 CSMA/CD 또는 IEEE802.3

실전문제 17

1. 광전송시스템에서 WDM 방식에 대하여 물음에 답하시오.

정 답 ① WDM의 원어: Wavelength Division Multiplexing
② WDM 개념: 파장분할 다중화 광전송 방식으로 빛의 파장을 달리하는 여러 채널을 묶어 하나의 광섬유를 통해 전송하는 것이다.
③ WDM 특징: 광케이블에 깔려있는 기간통신망의 회선을 손쉽게 늘릴 수 있고 경제적으로 구축할 수 있다.

2. 채널의 대역폭이 4[㎑]이고 신호대 잡음비(S/N)가 511인 경우, 채널용량을 구하시오.

정 답 $C = B\log_2(1+S/N)[bps] = 4[\text{㎑}]\log_2(1+511) = 36{,}000[bps]$

3. 동축케이블은 초고주파수 통신에서 감쇠가 급격히 증가하게 된다. 이는 어떤 효과에 의한 것인가?

정 답 아날로그 교환기 수에 의해 일어나는 회선의 주파수 특성의 악화 현상

4. 패킷교환방식 중 가상회선방식에 대하여 쓰시오.

정 답 정보전송을 시작할 때에 우선 두 지점 사이에 논리적인 전송경로를 설정하고 이후에는 송수신자의 네트워크 주소대신에 설정된 논리적 전송로의 번호만으로 교환을 수행하는 방식이다. 데이터그램 방식과는 달리 네트워크에서 패킷의 순서 및 오류제어를 제공해주고 패킷 전송이 보다 빠르다는 장점이 있다.

5. 아래의 네트워크 구성도에서 PC를 통해 인터넷서비스를 제공받기위해 PC에 요구되는 인터넷 프로토콜 ⓐ, ⓑ는 각각 무엇인가?

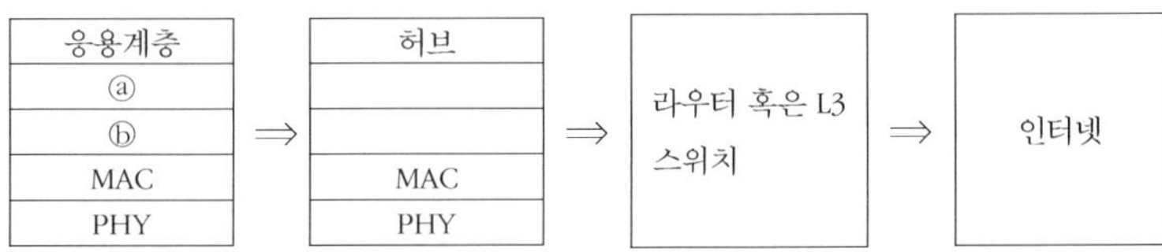

정 답 ⓐ TCP, ⓑ IP

6. 다음 괄호안에 알맞은 것을 쓰시오.

통신기술의 발달, 가입자 증가로 새로운 다원접속 방식이 필요하게 되었다. 최초에 개발 동기로 군에서 비밀유지와 적의 전파방해(Jamming)을 피하기 위해서 개발된 (①)는(은) 동일한 주파수와 시간이 직교(orthogonal)관계에 있는 코드를 부여하여 더 많은 가입자를 수용하는 방식이다. 이 방식이 기초가 되는 Spectrum Spread 방식에는 (②), (③), (④), (⑤) 혼합방식 등이 있다.

정 답 ① CDMA
② DS(Direct Sequence): 직접시퀀스
③ FH(Frequency Hopping): 주파수 호핑
④ TH(Time Hopping): 시간 호핑
⑤ Chirp Modulation: 챠프 변조

7. IPv6에서 제공되는 3가지 형태의 주소는 각각 무엇인가?

정 답 ① 유니캐스트(unicast) 주소
② 애니캐스트(anycast) 주소
③ 멀티캐스트(multicast) 주소

8. 통신선로의 무왜곡 조건을 R, L, C, G의 파라미터 관계식으로 표시하시오.

정 답 $LG = CR$

9. 아래 박스 안의 4가지 중 성격이 상이한 프로토콜은 무엇인가?

① RIP ② OSPF ③ SNMP ④ BGP

정 답 SNMP(Simple Network Management Protocol): TCP/IP 프로토콜을 이용하는 인터넷에서 망 관리를 위한 프로토콜.
나머지는 라우팅 프로토콜의 종류이다.

10. 다음 문장 괄호안에 적합한 내용을 적으시오.

인터넷 보안 요소에서 보안상의 위협 및 공격으로부터 시스템을 보호하기 위해 ISO 7498-2에서는 인증, 접근제어, 비밀보장, ( ) 및 부인봉쇄의 기능을 제시하고 있다.

정 답 데이터 무결성(Data Integrity)

11. IEEE 802 시리즈에서 OSI 데이터링크 계층을 두 개의 부계층으로 구분하고 있다. 이들을 각각 적고, 그의 역할을 설명하시오.

정 답 ① LLC(Logical Link Control: 논리링크제어): IEEE802 위원회에서 표준화시킨 일명 IEEE 802.2로 알려져 있는 LAN 프로토콜 계층을 말한다. 데이터 교환 절차에 대한 표준으로써 IEEE 802에 기반한 MAC 부계층에서 성립된 링크들 통해 데이터를 교환하는 절차에 대한 표준을 정의하고 있다.
② MAC(Media Access Control: 매체접근제어): 매체접근제어는 동일한 매체를 여러 단말들이 공유할 때 매체 사용에 대한 단말 간 충돌 경합 발생을 제어하는 제어방식을 총칭한다. MAC이 공유매체를 통해서 신뢰성이 없이 패킷에 대한 전송서비스를 제공하는 반면, LLC는 기본적으로 두 지점 간에 신뢰성이 있는 패킷 링크로 전환하게 된다.

12. 인터넷 전달 계층에 속하는 대표적인 프로토콜 2가지를 적으시오.

정 답 ① TCP ② UDP

실전문제 18

1. 허브에 대하여 설명하시오.

정 답 ① 각 회선을 통합적으로 관리(집선장치)
② 네트워크 에러 검출과 확장이 편리하며 네트워크 관리가 편리
③ 네크워크를 구성할 때 한꺼번에 여러 대의 컴퓨터를 연결하는 장치
④ 종류: 더미 허브, 스위칭 허브
※ 더미허브: 네트워크에 흐르는 모든 데이터를 단순히 연결하는 기능만 제공하는 허브
※ 스위칭 허브: 적절히 제어하는 기능을 제공하는 지능형 허브

2. HDLC 프레임의 구성도를 완성하시오.

①	주소부 (8bit)	제어부 (8bit)	정보부 (임의의bit)	②	①

정 답 ① 플래그(8bit) ② FCS(16bit)

3. 교환기술에서 통화로 신호방식과 공통선 신호방식에 대하여 쓰시오.

정 답 ① 통화로 신호방식: 음성정보와 신호정보를 동일회선을 통해 전달하는 방식
② 공통선 신호방식: 음성정보용 회선과 신호정보용 회선이 따로 존재하는 방식

4. T1방식과 E1방식의 속도는 각각 얼마인가?

정 답 ① T1: 1.544[Mbps]
② E1: 2.048[Mbps]

5. 위성지구국의 역할을 설명하시오.

정 답 지구국은 위성체에 전파를 송수신하는 역할을 담당하는 부분으로 필요한 데이터를 송수신할 뿐 아니라 위성의 상태를 수신하여 제어 신호를 송신하는 기능도 수행한다.
지구국은 안테나계, 송수신계, 변복조계, 지상인터페이스계, 통신제어계, 전원계로 구성되어 있다.

6. 어떤 주기 신호가 주파수 100[Hz], 300[Hz], 500[Hz], 700[Hz], 900[Hz], 1100[Hz], 1300[Hz]를 갖는 7개의 정현파로 분해된다고 할 때 그 대역폭은 얼마인가? (단, 모든 구성요소가 10[V]의 최대 진폭을 갖는다.)

정 답 $\text{대역폭}(B) = \text{최대주파수} - \text{최소주파수} = 1300 - 100 = 1200[\text{Hz}]$

7. 품질 측정 사이트를 통해 인터넷 속도를 테스트 할 때 측정하는 항목 3가지는 무엇인가?

정 답 ① 다운로드 ② 업로드 ③ 지연시간

8. MAC 주소를 모를 때 사용하는 프로토콜은 무엇인가?

정 답 ARP(Address Resolution Protocal: 주소 해석 프로토콜)

9. 알파넷에서 가장 오래된 프로토콜은 무엇인가?

정 답 NCP 프로토콜(Network Control Program)

10. 감리의 정의는 무엇인가?

정 답 공사에 대하여 발주자의 위탁을 받은 용역업자가 설계도서 및 관련 규정의 내용대로 시공되는지를 감독하고, 품질관리 시공관리 및 안전관리에 대한 지도 등에 관한 발주자의 권한을 대행하는 것.

11. 다음 그림과 같은 T형 패드가 200, 200, 800[Ω] 일 때 특성임피던스를 구하시오.

200 200
800

정 답 $Z_{oc} = 200 + 800 = 1000$

$$Z_{sc} = 200 + \frac{800 \times 200}{800 + 200} = 360$$

$$Z_o = \sqrt{Z_{oc} \cdot Z_{sc}} = \sqrt{1000 \times 360} = 600[\Omega]$$

12. OTDR에 의한 광케이블 측정파형 그림에서 총 손실은 몇 [dB]이며 마커 1에서 3까지의 총 거리는 얼마인가?

1 2 3	거리: 9.237km 파장: 1.55μm 펄스폭: 100μs 굴절율: 1.48 감쇠기: 0.0dB 평균화회수: 16k(2^{14})	접속 손실: 0.071dB 반사감쇄량: dB	
		마커 1~2 0.486dB 2.633km 0.184dB/km	마커 2~3 1.635dB 6.523km 0.249dB/km

정 답 ① 총손실: 마커 1~2 사이의 손실 + 마커 2~3 사이의 손실 + 접속손실

$\therefore 0.486 + 1.635 + 0.071 = 2.192[dB]$

② 총거리: 마커 1~2 사이의 거리 + 마커 2~3 사이의 거리

$\therefore 2.633 + 6.523 = 9.156[\text{km}]$

※ OTDR(Optical Time Domain Reflectometer): 광통신망의 손상 등 이상 유무를 측정할 수 있는 계측기

13. 표준신호 발생기 구성부 또는 구성요소 3가지를 골라 쓰시오.

정 답 ① 고주파 발진기
② 저주파 발진기
③ 변조기
④ 감쇄기

14. 아래 그림과 같이 서로 다른 방향으로 신호를 전송하는 두 개의 회선 사이에서 유도회선의 송신단측 신호가 피유도회선의 수신단측에 유도되는 누화를 무엇이라고 하는지 쓰시오.

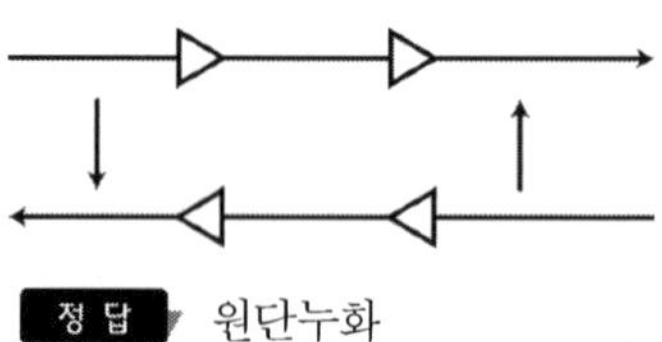

정 답 원단누화

15. 나이퀴스트(Nyquist) 이론에서 최소한의 신호주파수(f_s)는 최고주파수(f_m)의 몇 배인가?

정 답 $f_s \geq 2f_m$ 이므로 2배이다.

실전문제 19

1. 토폴로지에 따른 분류 5가지를 기술하시오.

정 답 ① 성형(star) ② 트리형(tree) ③ 망형(mesh) ④ 링형(ring) ⑤ 버스형(bus)

2. FDM, TDM에 대하여 간단하게 서술하시오.

정 답 ① FDM: 전송로의 사용가능한 주파수 대역을 분할하여 여러 개의 채널을 동시에 이용하는 방식이다.
② TDM: 전송로의 데이터 전송시간을 일정한 시간 폭으로 분할하여 여러 개의 채널을 동시에 이용하는 방식이다.

3. HDLC

가) HDLC 프레임의 플래그 비트를 16진수로 나타내시오.

정 답 7E(01111110)

나) 제어부의 3가지를 쓰시오.

정 답 감시프레임(S-frame), 정보프레임(I-frame), 비번호 프레임(U-frame)

4. 1200[baud]의 변조속도를 가진 8위상 채널의 신호 속도는 얼마인가?

정 답 $1200 \times \log_2 8 = 3600[bps]$

5. 다음의 목적과 기능을 설명하시오.

① ipconfig: 현재 컴퓨터의 TCP/IP 네트워크 설정 값을 표시하며, DHCP와 DNS 설정을 확인 및 갱신하는데 사용된다.

정 답 IP주소 확인방법. DNS, IP Address, Subnet Mask, Gateway의 주소가 나온다.

② ping: 네트워크 내 노드의 활성화 여부 점검을 하며, TCP/IP 환경의 UNIX 등에서 상대쪽 호스트의 작동여부 및 응답시간을 측정코자 하는 유틸리티 프로그램이며, ICMP 프로토콜을 기본으로 사용한다.

정 답 인터넷 속도/접속의 원활한 정도를 나타낸다. ping이 높으면 인터넷 접속이나 속도가 낮다는 의미이다.

③ tracert(트레서트): 네트워크 전송지연 시 시스템 점검을 하며 traceroute 혹은 tracert,는 인터넷을 통해 거친 경로와 소요시간을 표시하고 그 구간의 정보를 기록하고 인터넷 프로토콜 네트워크를 통해 패킷의 전송지연을 측정하기 위한 컴퓨터 네트워크 진단 유틸리티이다.

정 답 지정된 호스트에 도달할 때까지 통과하는 경로의 정보와 각 경로에서의 지연시간을 추적하는 명령.

6. 200.013.095.0 의 네트워크 주소.

서브넷 마스크: 255.255.255.224 일 때

정 답 ① 서브넷: 2^3

② 호스트 개수: $2^5 - 2 = 30$

7. 정보통신 공사에서 70억이상 100억 미만 공사를 감리하는 감리원은?

정답 특급감리원

① 총 공사금액 100억 원 이상 공사: 기술사
② 총 공사금액 70억 원 이상 100억 원 미만인 공사: 특급 감리원
③ 총 공사금액 30억 원 이상 70억 원 미만인 공사: 고급 감리원
④ 총 공사금액 5억 원 이상 30억 원 미만인 공사: 중급 감리원
⑤ 총 공사금액 5억 원 미만인 공사: 초급 감리원 이상의 감리원

8. (①)프로토콜은 IP주소를 물리주소로 변환하는 프로토콜이고, 이의 반대 기능을 수행하는 것이 (②)프로토콜이다.

정답 ① ARP
② RARP

9. 모뎀에서 신호를 랜덤하게 잡아 대역내에 스펙트럼을 골고루 퍼지게 하는 기능은?

정답 스크램블

10. 다음 저항 소자를 보고 물음에 답하시오.

갈	흑	적	금

가) 저항값

정답 1[㏀]

나) 오차

정답 ±5%

11. 정현파가 한 주기를 완료 하는데 10[ns] 소요되었다. 그에 따른 주파수는 [MHz]?

정답 $f = \frac{1}{T} = \frac{1}{10 \times 10^{-9}} = 100 \times 10^{6} = 100$[MHz]

12. 아래 그림과 같은 중계회로에서 송단전압 45[V], 수단전압 0.45[V], 송단 감쇠량 17[dB], 수단 감쇠량 13[dB] 일 때 중계기의 감쇠량은? (단, 각 단의 임피던스는 모두 600[Ω]으로 동일하다.)

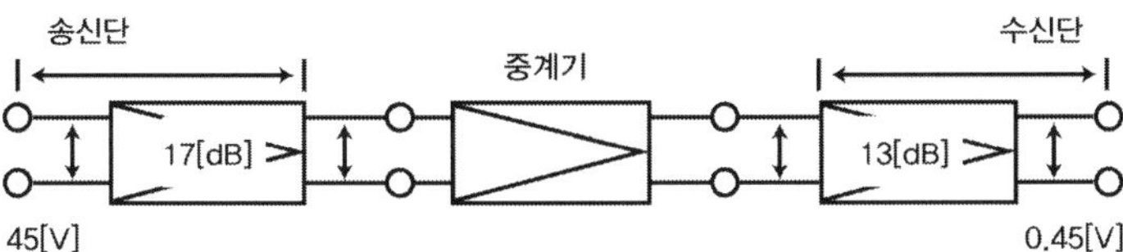

정답 전송로 전체 손실 레벨: $20\log_{10}\frac{0.45}{45}=-40[dB]$가 손실되었다.

따라서 $-40[dB]=-17[dB]-13[dB]+X[dB]$이므로, $X=-10[dB]$이다.

즉, $10[dB]$가 감쇠 되었다.

13. 다음과 같은 강전선 전류에 관한 규정을 보고 빈칸에 알맞은 말을 넣으세요.

강전류 전선이란 전기도체, 절연물로 싼 전기도체 또는 절연물로 싼 것의 위를 보호피막으로 보호한 전기도체 등으로서 ( )볼트 이상의 전력을 송전하거나 배전하는 전선을 말한다.

정답 300

14. 아날로그 신호를 디지털화하기 위해서 양자화 잡음을 줄이기 위한 대표적인 방법 2가지만 쓰시오. (5점)

정답 ① 양자화 스탭수를 증가 시킨다.

② 비선형 양자화를 수행한다.

③ 압신기를 설치한다.

15. 다음 용어의 뜻을 쓰시오

① MTBF

정답 MTBF(Mean Time Between Failure): 평균 고장 간격

장치의 고장을 복구한 뒤부터 다음 고장이 발생할 때까지의 평균 시간으로 그 장치를 설계할 때에 주어지는 장치 고유의 값을 나타낸다.

② MTTR

정답 MTTR(Mean Time To Repair): 평균 수리 시간

기기 또는 시스템의 장애가 발생 시점부터 수리가 끝나 가동이 가능하게 된 시점까지 평균시간을 의미한다.

※ MTTF(Mean Time To Failure): 평균 가동 시간

실전문제 20

1. $Z_0 = 50[\Omega]$, $Z_R = 70[\Omega]$를 직접 접속할 때의 반사계수, 정재파비, 반사전력은 입사전력의 몇 %인가?

정답 $\Gamma_V(\text{전압반사계수}) = \dfrac{Z_R - Z_0}{Z_R + Z_0} = \dfrac{70-50}{70+50} \fallingdotseq 0.17$

$VSWR(\text{전압정재파비}) = \dfrac{1+\Gamma}{1-\Gamma} = \dfrac{1+0.17}{1-0.17} \fallingdotseq 1.41$

$\sqrt{\dfrac{P_r(\text{반사전력})}{P_i(\text{입사전력})}} = 0.17,\ \therefore \dfrac{P_r(\text{반사전력})}{P_i(\text{입사전력})} \times 100\% = (0.17)^2 \times 100\% \fallingdotseq 2.9\%$

2. DCE의 기능?

정답 DCE (회선종단장치, 신호변환장치): 회선의 끝에 위치. 단말로부터 전송하고자하는 Data를 선로에 적합한 형태로 신호 변환하는 기능. 모뎀과 DSU로 구분

3. 개방임피던스가 25[Ω]이고 단락 임피던스가 100[Ω]일 경우 선로의 특성임피던스는?

정답 $Z_0 = \sqrt{Z_{ss} \cdot Z_{zo}} = \sqrt{100 \cdot 25} = 50[\Omega]$

4. 오실로스코프파형 주어지고 V_{p-p}=4V, 주기=40μs, 주파수=25㎑ 계산문제.

5. 공사원가계산 항목 비 3가지.

정답 공사원가라 함은 공사시공과정에서 발생한 재료비, 노무비, 경비의 합계

6. 정보통신 시설공사 감리요령 3가지.

정답 공사계획 및 공정표 검토, 공사업자가 작성한 시공 상세도면의 검토 및 확인, 재해예방대책 및 안전관리, 사용자재의 적합성 검토, 설계변경사항에 관한 검토

7. LAN 프레임 교환 방식에 따른 Shared LAN Switched LAN의 각 특징 3가지.

정 답

Shared LAN(대표: 버스형)	Switched LAN(대표: 성형)
설치비용이 저렴하다.	보안기능을 보유 (각 포트는 목적폰트로만 packet을 전달)
노드의 추가/제어가 용이하다.	대역폭향상 (Shared LAN과 달리 각 포트에 전용 대역폭 할당 가능
충돌이 발생할 수 있다.	속도향상 (포트 당 전용 대역폭 제공)

8. dB 관련 문제.

① 몇 dB인가?

② 600[Ω]의 내부저항을 가진 전원이 부하저항 600[Ω], 전류 1.29[㎃], 단자전압 0.775[V], 전력 1[㎽]를 송출할 때를 0[dBm] 또는 절대레벨이라 한다.

9. 4PSK에서 데이터 전송속도가 4800[bps]일 때 변조속도는?

정 답 2400[baud]

10. HDLC 프레임. 빈칸 채워 넣기.

Flag	주소부	제어부	정보부	(A)	Flag
01111110	(B)	8bit	nbit	(C)	01111110

정 답 (A)FCS, (B)8bit, (C)16bit

11. 다중화기, 집중화기 전송속도의 합과 최대전송속도 비교하기.

정 답 다중화기: 전송속도의 합과 최대전송속도가 같다.(A+B+C+D=Z)
집중화기: 전송속도의 합이 최대전송속도보다 같거나 크다.
(A+B+C+D $\geq$ Z)

12. 10[㎽]의 전력을 갖는 신호를 전송선로에 인가시켜 일정거리 후 측정하였더니 10[dB]가 감소하였다. 전력은 얼마인가?

정 답 $-10[dB] = 10\log\frac{x}{10\text{mW}}$, $\therefore x = 1\text{mW}$

13. 공중 통신사업자로부터 통신회선을 임대해서 부가가치를 높인 통신서비스를 제공하는 망?

정 답 VAN (Value Added Network)

14. VoIP 서비스 방식 3가지.

풀 이 Voice over Internet Protocol의 약자로, 인터넷전화 또는 음성패킷망이라고 한다.

정 답 mVoIP(Mobile Voice over Internet Protocol, 모바일인터넷전화), VVoIP(음성 및 화상데이터 통합 솔루션, Voice & Video over IP)

15. 강전류 전선 이격거리

정 답 30㎝

2) 통신용접지 설비의 목적

① 겉으로 드러난 금속 구조물이 등전위를 유지하게 하여 전기 쇼크로 인한 사고를 방지한다.

② 계통 도체와 대지 사이에 저 임피던스 전류통로를 구성하여, 지락에 따른 사고전류를 확실히 감지해서 보호 장치가 구동되게 한다.

③ 정상 운전 상태에서 상과 대지 사이 또는 상과 중성점 사이 전압이 상승하는 것을 방지한다.

④ 비정상 상태에서 상과 대지 사이의 전압상승을 제한해서, 전압이 설비의 운전조건이나 절연계급을 초과하지 않게 한다.

16. 4상 PSK 변조방식을 사용한 모뎀에서 데이터 전송속도가 4800bps일 때 변조속도는?

정 답 $[bps] = n\times B[Baud], n = \log_2 4 = 2bit$, $4800 = 2\times B$, $\therefore B = 2400[Baud]$

17. HDLC에서 쓰이는 선로 부호화기술

정 답 2B1Q(Two-binary, one-quaternary) 방식

18. PCM 방식에서 200000bit 전송 시 10bit 오류일 때 BER은?

정 답 $BER = \frac{오류비트수}{총\ 전송비트수} = \frac{10}{200,000} = 0.00005$

19. TCP, UDP 비교(서비스/수신순서/오류제어 및 흐름제어)

정 답 TCP와 UDP의 차이는 sequence 제어를 하느냐의 차이로 신뢰성이 요구되는 애플리케이션에서는 TCP를 사용하고, 간단한 데이터를 빠른 속도로 전송하는 애플리케이션에서는 UDP를 사용한다.

20. 다음의 접지전극 시공방법?

정 답 현재 접지분야에서 가장 많이 사용되고 있는 방법으로 시공면적이 넓고 대지 저항률이 낮은 지역에서 우수한 성능발휘.

실전문제 21

1. 01111110 플래그에 연속적 1을 방지하기 위해 다섯 개의 1뒤에 0을 삽입하는 방식?

정 답 비트 스터핑

2. 보오속도 구하기 (9600bps/8위상 PSK)

정 답 $B[Baud] = \frac{[bps]}{n} = \frac{9600}{3} = 3200[Baud]$

3. [dB]구하기.(입력전압: 10㎶, 출력전압 100㎶)

정 답 $[dB] = 20\log\frac{100\mu V}{10\mu V} = 20[dB]$

4. 저항 값 구하기(4색 띠, 1㏀,2㏀,100Ω)

1) 다음 저항 소자를 보고 물음에 답하시오.

갈	흑	적	금

정답 저항값: 1[㏀]
오차: ±5%

5. ping 문제

6. 200000bit 전송 시 10bit 오류일 때 BER은?

정답 $BER = \frac{\text{오류비트수}}{\text{총 전송비트수}} = \frac{10}{200,000} = 0.00005$

7. EMI, EMS 규제강화 이유를 쓰시오.

정답 전자파의 상호 간섭이나 영향은 기기나 시스템에 오동작을 일으킬 수 있고, 신체에도 영향을 주기 때문에 국가마다 기준을 정해 강력히 규제한다.

8. 정보통신 설계 접지방식 3가지.

정답 제1종접지공사: 접지저항 값 10[Ω], 피뢰침접지
제2종접지공사: 접지저항 값 150[Ω], 특고압-고압 혼촉방지판
제3종접지공사: 접지저항 값 100[Ω], 외함접지. 전열접지
특별 제3종 접지공사: 접지저항 값 10[Ω], 400V를 넘는 저압기계기구의 외함

9. 정보통신 공사 착공 계약 식.

10. 스위치와 단말 그림문제. 6개의 단말로 연결되는 PC일 때 회선 수?

정답 $n-1=6-1=5$회선

11. 데이터 통신 시스템에서 컴퓨터를 이용한 데이터 처리형태 3가지.

정 답 디지털컴퓨터, 아날로그컴퓨터, 하이브리드 컴퓨터

12. 핸드오프 2가지.

정 답 핸드오프(hand off)란 사용자가 현재 셀에서 다른 셀로 이동할 때 통화 채널을 자동적으로 전환해 주는 것

① 하드핸드오프(hard hand off): 새로운 채널을 열기 전에 기존의 채널을 먼저 끊는 방식으로 아날로그 AMPS방식에서 사용되고 있다.

② 소프트핸드오프(soft hand off): 새로운 채널을 먼전 열고 기존의 채널을 끊는 방식으로 디지털인 CDMA방식에서 사용되고 있다.

13. 정의문제(유비쿼터스/RFID)

유비쿼터스(Ubiquitous)

정 답 유비쿼터스라는 말은 라틴어에서 유래된 것으로 언제 어디서나 존재한다는 의미로 인간의 생활환경 속에 컴퓨터 칩과 네트워크가 편입되어 사용자는 그 장소나 존재를 의식하지 않고 이용할 수 있는 컴퓨터 환경을 말한다.

RFID(Radio Frequency Identification Systems)

정 답 무선주파수를 이용한 상품과 사물에 부착된 정보를 근거리에서 읽어내는 기술.

14. 채널용량문제(대역폭: 4KHz, S/N: 511)

정 답 $C = B\log_2(1+S/N)[bps] = 4000\log_2(1+511) = 36{,}000[bps]$

15. 흐름제어방식 2가지.

정 답 Sliding Window 방식, Stop and Wait 방식

16. T1/E1 전송속도 구하기.

정 답 ① T1: 1.544[Mbps], ② E1: 2.048[Mbps]

17. 팩시밀리 압축 부호화방식 3가지.

정 답 MH, MR, MMR

18. 인터네트워킹 장비의 3종류.

정 답 ① 게이트웨이(Gateway): 서로 다른 구조의 네트워크를 연결하는 장치. 전 계층의 프로토콜 변환기. 프로토콜 변환은 높은 계층의 프로토콜부터 수행.

② 라우터(Router): 유사한 구조의 네트워크를 연결하는 장치. 즉 동일한 트랜스포트 프로토콜을 가진 다른 구조의 네트워크 계층을 연결하는 장치. 네트워크 층간을 연결한다. 기능은 Addressing과 Routing.

③ 브릿지(Bridge): 같은 종류의 패킷형 LAN을 연결하는 장치. 즉 거리가 이격되어 있는 네트워크의 물리 계층 및 데이터 링크 계층 간을 연결한다.

18. 전송제어절차 5단계.

정 답 ①회선접속 ②데이터링크 확립 ③정보전송 ④데이터링크 해제 ⑤회선절단

20. 토폴로지 전송방식(버스형 그림 주어짐, 설명)

정 답

종류(형태)	버스형
토폴로지 (Topology)	
구성	1개의 통신회선에 여러 대의 단말 접속
접속방식	CSMA/CD방식, 토큰 패싱 방식
장점	설치비용저가. 노드의 추가/ 제어용이. 소규모 시스템 적합
단점	고장 발견이 어렵다. 충돌 발생할 수 있음

실전문제 22

1. HFC(Hybrid Fiber Coaxial) 혼합 광 동축 케이블망

정 답 HFC전송망은 음성 및 영상 데이터와 같은 광대역 멀티미디어 콘텐츠를 전달하기 위해 기존의 케이블 TV망을 서로 다른 부분에서 광케이블과 동축케이블을 혼합하여 사용하는 통신기술로서 서비스 구역을 여러 개의 Cell로 분할하여 방송국에서 분배센터 그리고 각 Cell내의 광망 종단장치(ONU)까지는 광케이블로 연결하고 광망 종단장치(ONU)부터 각 가입자 댁내까지는 동축케이블을 사용하여 서비스 하는 형태로 기존의 전화선을 이용하던 xDSL에 비해 속도 및 안정성이 매우 뛰어나며, 양방향 전송이 가능하다, 또한 기업이나 가정에 항상 설치되어 있는 기존의 동축케이블을 교체하지 않고도 광섬유 케이블의 일부 특성을 사용자 가까이 전달할 수 있어 동축케이블만 사용하는 것보다 초고속 광대역 데이터 전송이 가능하다.

2. ① 펄스의 폭을 변화시켜 신호의 크기를 나타내는 변조는?

정 답 PWM

② 오류확률이 높은 순은?

정 답 ASK 〉 FSK 〉 DPSK 〉 PSK 〉 QAM

③ PCM 변조 1프레임이 10101일 때 양자화 단계 수는?

정 답 $2^5 = 32$

3. 전체 1[dB]일 때 -3[dB]+x+-3[dB]일 때 x는 몇[dB]인가?

정 답 7[dB]

4. 통신프로토콜기능 4가지를 쓰시오.

정 답

- 분리와 조합
- 에러 제어
- 동기제어
- 다중화
- Framing(투명성)
- 흐름제어
- 순서바로잡기
- Routing(경로 배정)
- 요약화(Encapsulation)
- 접근제어
- 주소 부여
- 우선순위 배정

5. fading 경감책 합성법 3가지는?

정 답 ① 주파수 합성법 ② 공간 합성법 ③ 시간 합성법 ④ 편파 합성법

6. 망형에서의 노드가 15개 일 때 회선 수?

정 답 $\frac{n(n-1)}{2} = \frac{15(15-1)}{2} = 105$

7. 단방향과 반이중방식, 전이중 방식의 설명.

단방향 통신

정 답 정보의 흐름이 한쪽 방향으로만 진행하는 방식

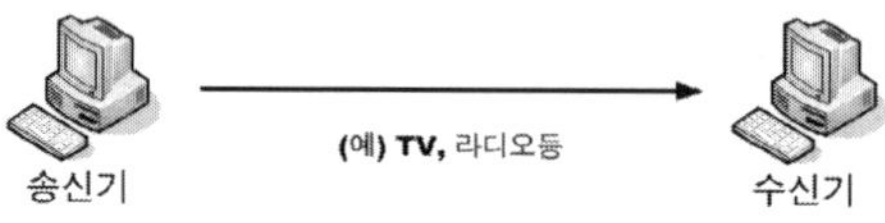

양방향 통신

정 답
- 반이중 통신: 양방향 통신이나 동시통신이 불가능하며 어느 한순간에는 한쪽 방향으로만 데이터 전송이 일어나는 방식
- 전이중 통신: 동시에 양방향으로 데이터 전송이 일어나는 방식

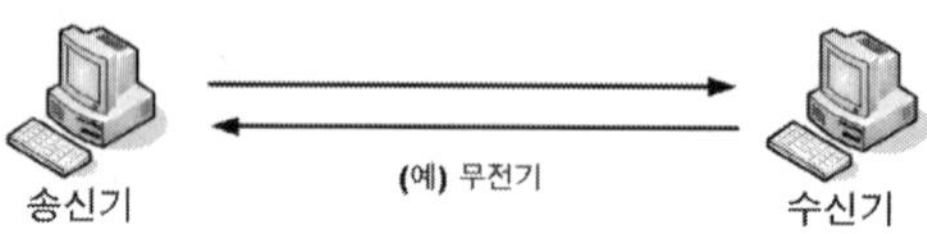

8. 구형파를 주고 1주기당 5칸, 1칸의 간격은 4[μs]일 때 주파수는?

정 답 $T = 5 \times 4\mu s = 20\mu s$, $\therefore f = \frac{1}{T} = \frac{1}{20 \times 10^{-6}} = 50\text{kHz}$

9. 지상 중계방식 3가지.

정 답
- 직접 중계방식: 증폭과 중계만 하는 방식으로 원거리 전송이 곤란하다.
- 무 급전 중계방식: 반사판을 설치하여 각도를 조절해서 전파의 진행 방향을 바꾸어 주는 방식
- 헤테로다인 중계방식: 마이크로웨이브를 증폭하기 좋은 중간 주파수(IF)로 바꾸어서 증폭하는 방식 변복조를 반복하지 않으므로 열화특성이 쌓이지 않아 원거리 전송에 적합하다.

- 검파 중계방식: 수신된 신호를 복조하여 원 신호를 회복시킨 다음 에러 수정 및 증폭하고 다시 변조하여 전송하는 방식
  변복조를 많이 하므로 신호 파형의 변형이 생겨 근거리만 전송이 가능하다.
  다른 말로는 Video 중계방식이라고도 부른다.

10. Ping에 대한 문제

11. HDLC의 프레임 종류 3가지

정 답 HDLC프레임의 제어필드는 1차국과 2차국간 또는 복합국간 송·수신 되는 프레임의 동작 명령, 응답을 위한 프로토콜의 제어와 프레임의 종류, 순서번호 등의 제어 정보가 들어있으며 정보 프레임(I-프레임), 감시 프레임(S-프레임), 비번호제 프레임(U-프레임)등이 있다.

① 정보 프레임(Information Frame)

정보 프레임 줄여서 I-프레임(정보전송형식)이라고도 부르며, 실제 사용자의 데이터를 전송을 위해 사용되는 형식으로 정보부를 가지는 정보 전송용 프레임을 의미한다.

정보 프레임의 제어부에는 첫 비트가 "0"으로 시작하고 현재 전송중인 프레임의 순서번호와 수신 프레임의 순서 번호 등이 들어 있다.

② 감시 프레임(Supervisory Frame)

감시 프레임 줄여서 S-프레임(감시 형식)이라고도 부르며, 송·수신 국간의 I-프레임에 대한 수신 확인(RR: Receive Ready), 재전송 요구(REG)와 같은 상대국을 감시 제어할 경우에 사용하는 형식으로 에러 제어와 흐름제어를 위한 프레임 이다.

제어 부의 첫 비트가 "10"으로 시작하고 정보부가 존재하지 않는다는 것이 특징이다.

③ 비번호제 프레임(Unnumbered Frame)

비번호제 프레임 줄여서 U-프레임이라고도 부르며, 정보 전송을 하기 전에 송·수신 국간 데이터 링크 확립, 상대국의 동작모드 설정 과 응답, 데이터 링크 해제 등에 사용되는 형식으로 제어 부의 첫 비트가 "11"로 시작하고 수신 프레임에 대한 수신확인(RR: Receive Ready)기능이 없으며 송·수신의 순서 번호를 사용하지 않고 정보부를 보낸다.

12. 고압의 정의.

정 답 고압이란 직류는 750볼트, 교류는 600볼트를 초과하고 각각 7000볼트 이하인 전압을 말한다.

13. Token Bus 방식설명.

정 답 버스 모양의 통신로를 사용하는 근거리 네트워크(LAN)에서 Token(Data Frame을 전송할 권리를 나타내는 것)이 물리적 버스를 따라 돌게 된다. 이때 Data Frame을 송신하려는 단말은 이 자유 Token을 수신하여 Data Frame앞에 Token을 붙여 송신하며, 목적지 주소와 일치되는 단말만 Data Frame을 수신하게 하는 방식.

14. 2400[Baud], 4상 psk에서 데이터신호속도[bps]?

정 답 $[bps] = n \times B = 2 \times 2400 = 4800\,[bps]$

15. 광통신의 장단점?

광섬유의 특징

정 답
- 장점

  가요성(유연성), 무 유도성, 광 대역성, 고속성, 경제성, 세경성, 경량성
- 단점

  제조가 어렵다. 접속이 어렵다. 분산 현상이 생긴다. 중계기에 전원 공급을 위해 급전선이 따로 필요하다.

16. $[dB]$, [neper]의 정의와 관계식

정 답 ① 데시벨(Decibel) 단위: $[dB]$

$[dB]$라는 단위는 일반적으로 이득과 감쇠를 나타낼 때 사용하는 단위로 신호의 상대적인 크기 즉 신호나 잡음의 전력레벨 또는 전압레벨을 표현하거나 비교할 때 많이 사용되는 단위이다.

$dB = 10\log_{10}\dfrac{P_2}{P_1}$, P_1은 기준 신호 전력, P_2는 피 측정 신호전력(측정하고자 하는 신호 전력)을 나타낸다.

② 네퍼(neper) 단위: [neper]

데시벨과 같은 개념으로 유럽에서 많이 사용되는 단위이다. $[dB]$는 밑이 10인 상용로그를 사용하는데 반해 [neper]는 밑이 e인 자연로그를 사용하여 표현한다.

$$[neper] = \frac{1}{2}log_e\frac{P_2}{P_1}$$

여기서 $[dB]$와 [neper]와의 관계를 살펴보면

$1[neper] = 8.686[dB]$, $1[dB] = 0.115[neper]$
관계를 가진다.

17. 136. x. x. x의 디폴트 서브넷 마스크(255.255.0.0)

18. 네트워크 장비 3가지

정답 ① 게이트웨이(Gateway): 서로 다른 구조의 네트워크를 연결하는 장치.
전 계층의 프로토콜 변환기. 프로토콜 변환은 높은 계층의 프로토콜부터 수행.
② 라우터(Router): 유사한 구조의 네트워크를 연결하는 장치. 즉 동일한 트랜스포트 프로토콜을 가진 다른 구조의 네트워크 계층을 연결하는 장치.
네트워크 층간을 연결한다. 기능은 Addressing과 Routing.
③ 브릿지(Bridge): 같은 종류의 패킷형 LAN을 연결하는 장치. 즉 거리가 이격되어 있는 네트워크의 물리 계층 및 데이터 링크 계층 간을 연결한다.

19. 신호주파수가 5[KHz]일 때 표본화 주기?

정답 $T_s = \dfrac{1}{f_s} = \dfrac{1}{2 \times 5\text{kHz}} = 0.1\text{ms}$

20. 광섬유 케이블의 전파모드 분류

정답 ① 단일 모드 광섬유 케이블
신호(광)를 코어 내에 적당한 임계각으로 하나만 보내는 것
고속 대용량 전송에 적합하다.
원거리 전송에 유리하다.
모드 간 간섭이 없다.
코어의 직경이 작아 제조 및 접속이 어렵다.
② 다중 모드 광섬유 케이블
신호(광)를 코어 내에 적당한 입사각을 구분하여 임계각내의 각으로 여러 개를 보내는 것.
모드 간 간섭이 존재한다.
고속 대용량 전송에 부적합하다.
코어의 직경이 커서 제조 및 접속이 유리하다.
근거리 전송에 사용된다.

실전문제 23

1. 무선 홈 네트워크 기반기술 8가지 중 4가지 고르기

① 유선 홈 네트워크 기술

정 답 Home PNA
IEEE1394
USB(Ultra Serial Bus)
Ethernet
전력선 통신(PLC:PowerLine Communication)

② 무선 홈 네트워크 기술

정 답 HomeRF
Bluetooth(블루투스)
Zigbee
WLAN
UWB(Ultra-Wide band)

2. 오실로 스코프문제: 2㎷/div, 3㎲/div, 구형파주고 주파수와 듀티사이클 구하라.

3. HFC(Hybrid Fiber Coaxial) 혼합 광 동축 케이블망에 대한 설명을 해 놓고 맞추는 문제.

정 답 HFC전송망은 음성 및 영상 데이터와 같은 광대역 멀티미디어 콘텐츠를 전달하기 위해 기존의 케이블 TV망을 서로 다른 부분에서 광케이블과 동축케이블을 혼합하여 사용하는 통신기술로서 서비스 구역을 여러 개의 Cell로 분할하여 방송국에서 분배센터 그리고 각 Cell내의 광망 종단장치(ONU)까지는 광케이블로 연결하고 광망 종단장치(ONU)부터 각 가입자 댁내까지는 동축케이블을 사용하여 서비스 하는 형태로 기존의 전화선을 이용하던 xDSL에 비해 속도 및 안정성이 매우 뛰어나며, 양방향 전송이 가능하다, 또한 기업이나 가정에 항상 설치되어 있는 기존의 동축케이블을 교체하지 않고도 광섬유 케이블의 일부 특성을 사용자 가까이 전달할 수 있어 동축케이블만 사용하는 것보다 초고속 광대역 데이터 전송이 가능하다.

4. HDLC 프레임 구조 그리고 설명

Flag	주소부	제어부	정보부	(A)	Flag
01111110	(B)	8bit	nbit	(C)	01111110

(A)FCS, (B)8bit, (C)16bit

① HDLC 프레임의 플래그 비트를 16진수로 나타내시오.

정답 7E(01111110)

② 제어부의 3가지를 쓰시오.

정답 감시프레임(S-frame), 정보프레임(I-frame), 비번호 프레임(U-frame)

5. TCP/IP 계층 4가지

정답 응용계층(Application Layer)
전송계층(Transport Layer)
인터넷계층(Internet Layer)
네트워크 인터페이스 계층(Network interface Layer)

6. 착공계 구비서류 3가지

정답 인감증명서, 시공계획서, 공사예정계획표

7. 핸드오프, 로밍에 대해서 서술하는 문제

정답 ① 핸드오프(hand off): 사용자가 현재 셀에서 다른 셀로 이동할 때 통화 채널을 자동적으로 전환해 주는 것

② 하드핸드오프(hard hand off): 새로운 채널을 열기 전에 기존의 채널을 먼저 끊는 방식으로 아날로그 AMPS방식에서 사용되고 있다.

③ 소프트핸드오프(soft hand off): 새로운 채널을 먼전 열고 기존의 채널을 끊는 방식으로 디지털인 CDMA방식에서 사용되고 있다.

④ 로밍(roaming): 서로 다른 통신 사업자의 서비스 지역 안에서도 통신이 가능하게 연결해 주는 서비스

8. 반이중, 전이중 통신 설명

■ 양방향 통신

정답 • 반이중 통신: 양방향 통신이나 동시통신이 불가능하며 어느 한순간에는 한쪽 방향으로만 데이터 전송이 일어나는 방식
• 전이중 통신: 동시에 양방향으로 데이터 전송이 일어나는 방식

9. TCP/IP 네트워크 망관리 프로토콜을 쓰시오.

정답 SNMP(simple network management protocol)

10. 프로토콜의 기능 역할

정답 분리와 조합 -요약화(Encapsulation) -에러제어 -흐름제어 -접근제어 -동기제어 -순서바로잡기 -주소부여 -다중화 -경로설정(routing) -우선순위배정 등

11. 파형발생기의 기능

정답 표준 신호를 발생하는 가변 주파수 발진기로 무선 수신기나 고주파 회로 등의 무선통신기기를 시험하거나 수신 전파의 강도를 측정하는데 사용된다.

12. 데이터신호속도[bps]

변조속도 2400[baud] 256QAM 모델의 데이터 신호속도[bps]를 구하시오.

정답 $bps = baud \times \log_2 M, \quad 2400 \times \log_2 256 = 19200\,[bps]$

13. DSU 설명

정답 DSU (Digital Service Unit): 디지털 전송회선일 경우 사용. 단말 또는 컴퓨터의 직렬 단극성 펄스(디지털 신호)를 복극성 펄스로 변환. 수신측에서는 반대의 과정을 통해 원래의 신호 복원.

14. RS232C의 속도와 길이에 대해 쓰시오.

정답 속도: 20[Kbps]
길이: 약 15m

15. 주파수 대역폭이 4[kHz]를 사용하는 10개의 채널을 다중화해서 전송할 때, 보호대역이 500[Hz]일 경우 최소대역폭은 얼마인가?

정 답 $4[\text{kHz}] \times 10 + 500[\text{Hz}] \times 9 = 44.5[\text{kHz}]$

16. CEPT방식에서 펄스전송속도? (식과 답)

정 답 $\text{표본화주파수} \times \text{비트수} = 8[\text{kHz}] \times 256[bit] = 2.048[Mbps]$

17. 낙뢰 또는 강전류전선과의 접촉으로 (이상전류) 또는 이상전압이 유입될 우려가 있는 방송통신설비에는 과전류 또는 (과전압)을 방전 시키거나 이를 제한 또는 차단하는 (보호기)가 설치되어야 한다.

실전문제 25

1. 무선수신기 성능지수 4가지

정 답 ① 감도(Sensitivity)

미약한 전파 수신정도(주로 종합 이득과 내부 잡음에 의해 결정)

② 선택도(selectivity)

희망 신호 이외의 신호의 분리 정도

③ 충실도(Fidelity)

전파된 통신 내용을 수신, 본래의 신호로 재생 정도

④ 안정도(Stability)

재조정을 하지 않고, 장시간 일정 출력을 얻는 정도를 의미하는 것으로 국부 발진기 및 증폭기 등의 안정도에 의해 결정되며 부품의 노후화 또한 큰 영향을 미친다.

2. 증폭기 2대를 직렬 연결하여 출력이 2배가 되었다. 데시벨로 환산하면?

정 답 $dB = 20\log 2 = 6[dB]$

3. 정보통신 기본설계서에 포함되는 5가지

정 답 종합계획, 종합평가, 기술평가, 시스템검정, 구체적인 타당성조사

4. PCM 양자화 잡음 개선책 3가지

정 답 ① 양자화 스텝수를 증가 시킨다.
② 비선형 양자화를 수행한다.
③ 압신기를 설치한다.

5. ICMP 오류메시지 3가지

정 답
- ECHO REQUEST, ECHO REPLY: 유닉스(Unix)의 ping 프로그램에서 네트워크의 신뢰성을 검증하기 위하여 ECHO REQUEST 메시지를 전송하고, 이를 수신한 호스트에서는 ECHO REPLY를 전송해 응답한다.
- DESTINATION UNREACHABLE: 수신 호스트가 존재하지 않거나, 존재해도 필요한 프로토콜이나 포트 번호 등이 없어 수신 호스트에 접근이 불가능한 경우에 발생한다.
- SOURCE QUENCH: 네트워크에 필요한 자원이 부족하여 패킷이 버려지는 경우에 발생한다. 예를 들면, 전송 경로에 있는 라우터에 부하가 많이 걸려 패킷이 버려지는 경우다. 이 메시지를 이용해 송신 호스트에게 혼잡 가능성을 경고함으로써, 패킷 송신 호스트가 데이터를 천천히 전송하도록 알릴 수 있다.
- TIME EXCEEDED: 패킷의 TTL(Time To Live) 필드 값이 0이 되어 패킷이 버려진 경우에 주로 발생한다. 기타의 시간 초과 현상에 의해 패킷이 버려진 경우도 이에 해당한다.
- TIMESTAMP REQUEST, TIMESTAMP REPLY: 두 호스트 간의 네트워크 지연을 계산하는 용도로 사용한다.

6. EMI, EMS 규제 국제적 강화이유

정 답 전자파의 상호 간섭이나 영향은 기기나 시스템에 오동작을 일으킬 수 있고, 신체에도 영향을 주기 때문에 국가마다 기준을 정해 강력히 규제한다.

7. bps구하기 1200{Baud} 트리비트(3)

정 답 $[bps] = n \times B[baud] = 3 \times 1200 = 3600[bps]$

8. 전송매체중 아날로그 신호와 디지털신호 둘 다 전송할 수 있는 전송매체 2가지?

정 답 동축케이블, 평행2선식(TP)

9. 오류검출 프레임만 재전송 요청하는 오류제어 방식은?

정 답 selective ARQ

10. Go Back N ARQ 설명

정 답 송신측에서 에러가 난 프레임부터 모두 재전송하는 방식.

11. 직접/간접 (direct/indirect)프로토콜 비교설명

정 답 직접 프로토콜 형태와 교환망을 이용한 간접 프로토콜형태가 있다.

① 지점간 연결이나 멀티포인트 연결같이 외부의 도움 없이 실체 간에 통신이 가능 하므로 이를 직접 프로토콜이라 한다.

② 시스템이 교환망으로 접속된 경우에는 두 실체 간에 직접적으로 프로토콜 사용이 불가능 하므로 다른 실체들의 도움을 받아야 정보교환이 가능하기 때문에 이를 간접 프로토콜이라 부른다.

12. 종합잡음지수(F) 공식

정 답 $F = F_1 + \dfrac{F_2 - 1}{G_1} + \dfrac{F_3 - 1}{G_1 G_2} + \cdot\ \cdot\ \cdot\ ,$

(F_1 : 첫단증폭기잡음지수, G_1 : 첫단증폭기이득,
F_2 : 두번째단증폭기잡음지수, G_2 : 두번째단증폭기이득,
F_3 : 세번째단증폭기잡음지수)

13. 신호수신기 눈 패턴 측정방법

정 답 눈의 높이는 잡의의 여유도를 의미한다.

14. IPv6 주소종류 3가지

정 답 ① 유니캐스트 주소

단일 인터페이스를 식별하기 위한 주소

② 멀티캐스트주소

인터페이스 그룹을 실별 하는 주소

③ 애니캐스트 주소

다수의 인터페이스를 지정한다는 점에서 멀티캐스트 주소와 비슷하지만 해당 그룹에 속하는 모든 인터페이스로 패킷이 전달되지 않고 가장 가까운 거리에 있는 인터페이스에게만 패킷이 전달된다.

15. 샤논의 정리에 의거해서 채널용량 증대 방법 3가지

샤논의 정리에서 대역폭(W), 신호의 세기(S), 잡음 세기(N)일 때 채널용량(C)을 구성하는 식

정답 $C = W log_2(1 + \frac{S}{N})$

※ 채널용량을 늘리는 방법

① 채널의 대역폭(W)을 증가시킨다.

② 신호전력(S)을 증가시킨다.

③ 잡음전력(N)을 줄인다.

16. 그림문제 어떤 변조방식인가?

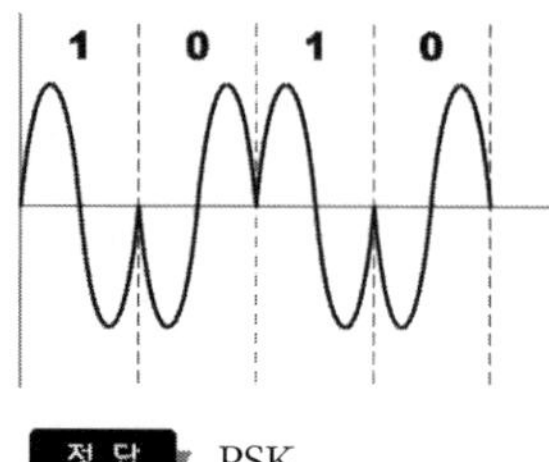

정답 PSK

17. 접지하는 목적 3가지

정답 ① 겉으로 드러난 금속 구조물이 등전위를 유지하게 하여 전기 쇼크로 인한 사고를 방지한다.

② 계통 도체와 대지 사이에 저 임피던스 전류통로를 구성하여, 지락에 따른 사고전류를 확실히 감지해서 보호 장치가 구동되게 한다.

③ 정상 운전 상태에서 상과 대지 사이 또는 상과 중성점 사이 전압이 상승하는 것을 방지한다.

④ 비정상 상태에서 상과 대지 사이의 전압상승을 제한해서, 전압이 설비의 운전조건이나 절연계급을 초과하지 않게 한다.

18. 정보통신 공사 시 공사계획서 작성에 기본적으로 포함되는 항목 5가지

정 답 공기, 공사비, 공정관리계획, 공사예정공정표, 공정도표

19. 다른 사람의 방송설비와 접속할 경우 건설과 보전 책임과 한계를 명확히 설정하는 것?

정 답 분계점

20. 전압증폭도가 각각 35dB인 증폭기 2단이 직렬 접속 시 손실이 15dB 일 때 종합 증폭 도는?

정 답 55[dB]

실전문제 26

1. 다음 -홉 라이팅에 대해 설명하시오.

정 답 데이터 통신망에서 각 패킷이 매 노드(또는 라우터)를 건너가는 양상을 비유적으로 표현하며 각 노드(라우터)는 수신된 패킷의 헤더 부분에 있는 주소를 검사하여 다음의 최적 경로를 찾아내어 패킷을 다음 hop으로 건너가게 한다.

2. 인터네트워킹 장비

정 답 ① 게이트웨이(Gateway): 서로 다른 구조의 네트워크를 연결하는 장치.
전 계층의 프로토콜 변환기. 프로토콜 변환은 높은 계층의 프로토콜부터 수행.
② 라우터(Router): 유사한 구조의 네트워크를 연결하는 장치. 즉 동일한 트랜스포트 프로토콜을 가진 다른 구조의 네트워크 계층을 연결하는 장치.
네트워크 층간을 연결한다. 기능은 Addressing과 Routing.
③ 브릿지(Bridge): 같은 종류의 패킷형 LAN을 연결하는 장치. 즉 거리가 이격되어 있는 네트워크의 물리 계층 및 데이터 링크 계층 간을 연결한다.

3. 스펙트럼확산기술 4가지

정답 ① 직접 확산 SS-DS(spread spectrum-direct sequence)
② 주파수 도약 방식 SS-FH(spread spectrum-frequency hopping)
③ 시간 도약 방식(TH: time hopping)
④ 차프 변조(Chirp Modulation)

4. 로밍설명

정답 로밍(roaming): 서로 다른 통신 사업자의 서비스 지역 안에서도 통신이 가능하게 연결해 주는 서비스

5. CDMA

정답 CDMA(code division multiple access): 대역확산기술(spread spectrum)을 이용 직교하거나 거의 직교하는 대역확산 코드가 각 사용자나 신호에 할당되는 방식으로 잡음이나 에러에 매우 강하며 비화성이 좋은 다원접속방식이다.

※ CDMA 방식의 특징(스펙트럼 확산 변조의 특징)

㉠ 저밀도 스펙트럼을 갖는다.
㉡ 잡음 및 간섭 등의 영향이 적다.(혼신 방해에 대한 영향이 적다.)
㉢ 비화성이 좋다.
㉣ 사용 주파수 대역이 넓다.(광대역 전송로가 필요하다.)
㉤ 각 가입자별로 고유의 PN 코드를 할당한다.

6. 광 계측장비 풀 네임

정답 OTDR(Optical Time Domain Reflectometer): 광통신망의 손상 등 이상 유무를 측정할 수 있는 계측기

7. 사용자 내부 네트워크와 인터넷사이의 중계서버(정확한 문제 복원이 어렵다.)

8. 토폴로지

정답 ① 성형(star) ② 트리형(tree) ③ 망형(mesh) ④ 링형(ring) ⑤ 버스형(bus)

9. 세션의 기능

정 답 응용 프로세서 간 접속설정 및 해제/Data전송 등 대화기능 담당.

10. CPU와 메모리 둘 중 어느 것이 중요한지 그 이유가 무엇인지 서술하시오.

11. 정보통신 공사설계 시 다음기호설명(정확한 문제 복원이 어렵다.)

12. 정보통신공사설계시 공사 총 원가를 구성하는 항목 5가지

정 답 재료비, 노무비, 경비, 이윤, 일반관리비

13. 신호 대 잡음비 계산

정 답 $S/N = 10\log_{10}\frac{S}{N}$, S: 신호전력, N: 잡음전력

14. 아래 그림과 같은 중계회로에서 송단전압 45[V], 수단전압 0.45[V], 송단 감쇠량 17[dB], 수단 감쇠량 13[dB] 일 때 중계기의 감쇠량은? (단, 각 단의 임피던스는 모두 600[Ω]으로 동일하다.)

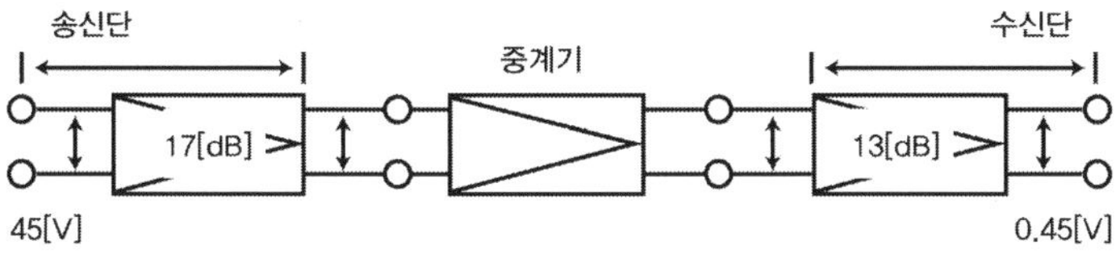

정 답 전송로 전체 손실 레벨: $20\log_{10}\frac{0.45}{45} = -40[dB]$가 손실되었다.

따라서 $-40[dB] = -17[dB] - 13[dB] + X[dB]$이므로, $X = -10[dB]$이다.

즉, $10[dB]$가 감쇠 되었다.

15. 케이블고유저항

정 답 R, L, C, G

16. 1[dB]를 Neper로 표시 그리고 1[pW] dBm표시

정답 $1[neper] = 8.686[dB]$, $1[dB] = 0.115[neper]$

$$dB_m = 10\log_{10}\frac{P_2}{1\text{mW}} = 10\log_{10}\frac{1\text{pW}}{1\text{mW}} = -60dB_m$$

17. 프로토콜 분석기(Protocol Analyzer) 용도 3가지

정답 ① 패킷의 캡처 및 저장 기능 (Capture & Store)
저장장치 용량한계까지 데이터 패킷을 캡처하고 이를 저장
② 프로토콜의 해석 (Decode)
각종 주요 프로토콜을 심층 분해/해독/번역/분석/해석하여 다양한 형태로 보여줌
③ 네트워크의 실시간 모니터링(감시) 및 분석 (Monitor & Analysis)
네트워크상의 제반 문제점 진단 및 특화된 분석 시행
네트워크 트래픽의 모니터링과 통계 자료 및 이를 리포트화하는 기능 등
④ 네트워크를 떠돌아다니는 패킷 유형에 대한 정보 (전송의 정확성 조사)
⑤ 노드의 감시, 1 대 1 통신 테스트
⑥ 상호 연결된 네트워크 구성정보 조사
⑦ 각 노드로부터의 중요 정보 해석, 비정상적인 상황의 종합 리포트 기능
⑧ 트래픽 등의 성능 데이터 등 조회
⑨ 네트워크 효율성, 성능, 에러, 잡음 문제 등의 유용한 정보 제공 등이 있다.

18. 1010 짝수 패리티를 하위비트에 첨가하시오.

정답 10100

19. dB 계산문제

① 상대레벨

정답 $dB = 10\log_{10}\frac{P_2}{P_1}$, P_1은 기준 신호 전력, P_2는 피 측정 신호전력

② 절대레벨

정답 $dB_W = 10\log_{10}\frac{P_2}{1W}$, P_2는 피 측정 신호전력

$dB_m = 10\log_{10}\frac{P_2}{1\,\text{mW}}$, P_2는 피 측정 신호전력

$dB_{\mu V} = 20\log_{10}\frac{V_2}{1\,\mu V}$, V_2는 피 측정 신호전압

20. 공통접지방식 단점

정답 ① 계통 고장 시 접지전위가 상승하면 모든 접지전위가 동시에 상승

② 사고가 다른 계통으로 파급될 우려가 있음

③ 초고층 빌딩에서 독립접지와 병용할 경우 독립접지의 효과가 감소

④ 접지선을 따라 Noise가 침투할 우려가 있다.

저자 약력
박승환
현) 을지대학교 의료공학과 교수

김한기
현) (주) 라인이엔씨 부장

정보통신산업기사필답
1판 1쇄 인쇄 2016년 06월 15일
1판 1쇄 발행 2016년 06월 25일
저 자 박승환·김한기
발 행 인 이범만
발 행 처 **21세기사** (제406-00015호)
경기도 파주시 산남로 72-16 (10882)
Tel. 031-942-7861 Fax. 031-942-7864
E-mail : 21cbook@naver.com
Home-page : www.21cbook.co.kr
ISBN 978-89-8468-681-6

정가 10,000원

이 도서의 국립중앙도서관 출판예정도서목록(CIP)은 서지정보유통지원시스템 홈페이지(http://seoji.nl.go.kr)와 국가자료공동목록시스템(http://www.nl.go.kr/kolisnet)에서 이용하실 수 있습니다.(CIP제어번호: CIP2016014857)